广安青花椒优质高效生产
关键技术

GUANGAN QINGHUAJIAO YOUZHI GAOXIAO SHENGCHAN
GUANJIAN JISHU

广安市前锋区花椒现代农业园区　编

四川科学技术出版社

图书在版编目（CIP）数据

广安青花椒优质高效栽培生产关键技术 / 广安市前锋区花椒现代农业园区编. —— 成都 : 四川科学技术出版社, 2023.5
ISBN 978-7-5727-0850-3

Ⅰ.①广… Ⅱ.①广… Ⅲ.①花椒 – 高产栽培 – 广安
Ⅳ.①S573

中国版本图书馆CIP数据核字（2022）第257826号

广安青花椒优质高效栽培生产关键技术

编　者	广安市前锋区花椒现代农业园区
出品人	程佳月
责任编辑	胡小华
封面设计	墨创文化
责任出版	欧晓春
出版发行	四川科学技术出版社

成都市锦江区三色路238号　邮政编码 610023
官方微博 http://weibo.com/sckjcbs
官方微信公众号 sckjcbs
传真 028-86361756

成品尺寸	145 mm × 210 mm
印　张	5.5　字数 110 千　插页 4
印　刷	四川省南方印务有限公司
版　次	2023年5月第 1 版
印　次	2023年5月第 1 次印刷
定　价	28.00元

ISBN 978-7-5727-0850-3

邮购：成都市锦江区三色路238号新华之星A座25层　邮政编码：610023
电话：028-86361770

彩图 1　广安青花椒植株

彩图 2　广安青花椒果实

彩图 3　广安青花椒果穗

彩图 4　播种

彩图 5　幼苗

彩图6　间苗和壮苗

彩图7　广安青花椒林下间作大豆

彩图8　广安青花椒林下间作南瓜　　彩图9　广安青花椒林下间作萝卜

彩图 10　广安青花椒林下间作辣椒

彩图 11　广安青花椒林下间作红苕

彩图 12　广安青花椒林下间作娃娃菜

彩图 13　广安青花椒林下间作土豆

彩图 14　广安青花椒林下间作蒜苗

彩图 15　广安青花椒林下间作豌豆

彩图 16 修剪采收一体化（下桩）

彩图 17 采收修剪后抽梢形成的枝条

彩图 18 广安青花椒雄花

彩图 19 广安青花椒雌花

彩图 20 广安青花椒根腐病

彩图 21 广安青花椒炭疽病

彩图 22　广安青花椒锈病

彩图 23　广安青花椒膏药病　　　彩图 24　广安青花椒煤烟病

彩图 25　广安青花椒蚜虫

彩图 26　广安青花椒介壳虫

彩图 27　广安青花椒红蜘蛛（螨类）

彩图 28　广安青花椒食心虫

彩图 29　广安青花椒凤蝶幼虫
（左为 2～4 龄幼虫，右为老熟幼虫）

彩图 30　标准化育苗基地

彩图 31　采摘广安青花椒

彩图 32　标准化种植基地

彩图 33　广安青花椒主题公园入口

彩图 34　广安青花椒主体公园景点

广安青花椒®
证明商标注册号：第19825259号

彩图 35　地理标志

彩图 36　花椒基地初加工中心

彩图 37　花椒展示中心

彩图 38　精深加工企业

彩图 39　网红打卡点

彩图 40　教育实践基地

彩图 40　精深加工产品

编写委员会

主　　编　王景燕（四川农业大学）

　　　　　龚　伟（四川农业大学）

副 主 编　兰小东（广安市前锋区现代农业园区服务中心）

　　　　　惠文凯（四川农业大学）

　　　　　徐伶俐（广安市前锋区现代农业园区服务中心）

　　　　　黄志标（四川广安和诚林业开发有限责任公司）

　　　　　李英勃（广安置悦生态农业发展有限公司）

编　　委（排名不分先后）

　　　　　王　勇　王梁成　陈　佳　杨　婷　蒋祥林

　　　　　吴　涵　叶立琼　卢　琪　卢帅杰　邱　静

　　　　　徐　静　周春水　熊磊磊　唐开文　祁增珍

　　　　　谌　川　曾　敬　曾　毅

内容简介

本书用通俗易懂的语言，以问答的方式，介绍了广安青花椒的产业发展前景，以及生长结果习性、苗木繁育、规范化建园、土肥水管理、花果和树体管理、果实采收与处理、病虫害防治以及极端天气下的应急处理措施等，突出各个栽培环节的关键生产技术要点。

本书可供广大青花椒种植户、基层农业技术人员使用，也可作为农业院校相关专业师生的参考用书。

前 言

2000 年以来，广安市抓住国家实施退耕还林工程机遇，发动农户以自栽自收的方式种植青花椒，利用青花椒保持水土的生态优势，以期实现经济效益与生态效益双赢。自此，青花椒产业在广安市起步，但由于技术缺乏、管理落后，农户所取得的经济效益并不明显。2007 年，岳池县出现了首个规模化种植，发展青花椒 4 500 亩（1 亩 ≈ 666.7 平方米），接着出现了以"基地＋加工"为代表的青花椒种植大户黄志标，然后是以"互联网＋"为代表的袁丁及大学生创业代表李晓，广安青花椒产业逐步走向兴盛。

2015 年，由四川广安和诚林业开发有限责任公司与四川农业大学、广安市林业科学研究所合作选育的本地优良品种——广安青花椒，获得了四川省林木良种认定，弥补了川东北地区没有青花椒良种的空白；2020 年，该品种通过四川省林木品种审定委员会的审定。现在广安市青花椒产业面积约 21 万亩，建成 1 万亩以上规模的青花椒基地 3 个、5 000 亩以上规模的青花椒基地 5 个、1 000 亩以上规模的青花椒基地 20 个；已建成精深加工企业 3 家，主要生产干青花椒、花椒油等产品；培育国家级农民合作社、示范社 2 个，国家级龙头企业 1 个，省级重点培育现代林业产业示范园区 2 个。广安市花椒产业基地面积、干椒年产量和花椒综合年产值分别位居全省第 4、第 3 和第 4 位。

经过 20 多年的发展，广安青花椒产业呈现出规模化、集约化、良种化的发展特点，但仍需在政府的政策引导下和支持下，加大与科研院校的合作，在科研院校的帮助下，不断完善产品产业链，提高产品质量和竞争力，打造特色基地、优势品牌，使广安成为四川省的青花椒强市，做好乡村振兴。

为此，广安市前锋区现代农业园区服务中心联合四川农业大学、四川广安和诚林业开发有限责任公司、广安置悦生态农业发展有限公司等多家单位，强化产学研协同，结合生产实际需要，紧紧围绕广安青花椒优质高效栽培生产的关键技术展开技术手册编写，旨在为广安青花椒的高质量发展提供智力支持，助力广安青花椒产业的提质增效。

全书由王景燕副教授安排内容体系，龚伟教授、惠文凯博士、兰小东主任、徐伶俐股长、黄志标总经理、李英勃经理对各个问题进行编写，并认真审校、修改和补充，园区工作人员及研究生同学们也参加了编写工作，在此表示感谢。对本书中所引用的参考文献作者深表谢意。

由于时间仓促，作者水平有限，书中难免有疏漏和不足之处，敬请广大读者批评指正。

编　者

2022 年 6 月

目　　录

一、概　述

1. 广安青花椒有哪些特点?

广安青花椒是在四川省广安市选育出的竹叶花椒优良地方新品种,多年来先后在广安市各地开展区域试验,其丰产性、产量和稳产性较好,早熟性较突出,对湿热和高温干旱有较强的耐受力,于 2015 年 4 月和 2020 年 3 月分别通过四川省林木品种审定委员会的认定和审定。

广安青花椒的品种特性为:树体高 2 ~ 4 米,树姿开张,植株生长势偏强(彩图 1)。树干及老枝为灰褐色,嫩枝和嫩茎为绿色。枝和干上均具有皮刺和白色突起的皮孔。枝条呈披散形,较柔软且分枝角度大。叶片为奇数羽状复叶,互生,小叶 3 ~ 9 片,小叶数通常有随着树龄增加而减少的趋势,当年抽生嫩枝的叶片小叶数较老结果枝叶片小叶数多。花期为 3 月上旬至 4 月上旬,果期为 6 月上旬至 8 月中旬,种子成熟期为 8 月下旬至 9 月下旬,因年积温不同略有差异。果实为蓇葖果,直径 5.35 毫米;果穗长 9.2 厘米,穗粒数 68 粒。鲜椒成熟时果皮为青绿色(此时种子未成熟),油腺密而突出(彩图 2),气味清香,麻味浓郁,种子成熟时鲜椒果皮为紫红色,干果皮千粒质量为 15.77 克,挥发油含量 7.39%，每个果实内有种子 1 ～ 2 粒。早期丰产性较好，定植后 2 ～ 3 年开花结果，5 ～ 6 年进入盛果期，树冠投影面积大，鲜椒产量可达 1.7 千克 / 米²，稳产性好。植株结实能力较强，春季、夏季和初秋抽生的枝条在第二年均可开花结实。在广安海拔 ≤ 800 米的地区多年来尚未见广安青花椒发生植株冻死现象和致命性的病虫害。

2. 广安青花椒有何作用?

广安青花椒不仅是有名的食物调料和香料，而且还是传统的药用植物，有温中止痛、杀虫止痒之功效。其含有丰富的矿质元素磷、铁等，有利于人体健康，具有较高的营养价值。

（1）食物调料

广安青花椒全株都含有麻味素和芳香油，尤其在果皮中含量最高，其果皮富含丰富的川椒素、植物甾醇等成分，因而具有浓郁的麻香味，是人们喜爱的食物调料及现代副食品加工业的重要佐料。用广安青花椒的果皮作调料，可去除各种肉类的腥膻臭气，并促进人体唾液分泌，增加食欲，利于消化。广安青花椒还能使血管扩张，从而起到降低血压的作用。在气候温暖潮湿的地区，把广安青花椒放入菜肴中，可除湿止痛、开胃健脾、通畅汗腺、增强体质。其嫩枝、叶、芽可作为绝佳的菜肴，鲜椒果也可入菜，如制作椒麻鸡、鲜椒鱼等，相关菜肴深受食客的喜爱。

（2）食品香料

广安青花椒果皮的油腺密集且突出，用其果皮提取出的芳香油可作为食品香料。广安青花椒富含的软脂酸、棕榈酸、亚麻酸等是高级的食用干性油，炒后可减毒，具有温中、驱寒、驱虫、止痛的功效，也可以增强食物香味进而增强人的食欲。

（3）中药材

花椒自古以来就是一味很好的中药材，广安青花椒也是如此。其性温、味辛，可用于缓解阳气不足、寒邪侵袭所引起的腹痛畏寒、肢冷食少等症状，具有温肾暖脾、逐寒燥湿、补火助阳、杀虫止痒等功效。从广安青花椒的挥发油以及生物活性碱中提取出的香柑内酯、茵芋碱等成分，具有较强的抗炎镇痛作用，可以有效缓解腰扭伤、关节炎等引起的疼痛，还可用于治疗湿疹瘙痒及肠道寄生虫病。此外，现代药理发现，其对皮肤癣菌、疥螨、肠道蛔虫等有抑制及杀灭的作用。广安青花椒中的挥发油可提高体内巨噬细胞的吞噬活性，进而增强机体的免疫能力，并且对白喉杆菌、肺炎双球菌、金黄色葡萄球菌和某些皮肤真菌有一定的抑制作用。

3. 广安青花椒的发展前景如何？

青花椒是我国主要调味品之一，是重要的经济作物，不仅投入少、收益稳定，而且具有香味浓郁、麻味持久的特点，在我国西南地区大面积种植。广安青花椒作为我国西南地区的特色优势农产品，在农业增效、产业扶贫、生态保护等方面发挥着重要作用，兼具投产早、亩产高、含油丰、麻味浓等特点，被审定为四川省林木良种，发展前景较为广阔。

近年来，麻辣口味在全国普及，随着火锅、川菜、烤鱼、串串香等麻辣餐饮的发展与扩张，青花椒的市场需求也日益增加，消费对象主要为餐饮市场、调味品加工行业、食品加工行业和家庭。在调味品加工行业，青花椒是火锅底料、豆瓣酱等的主要原料之一；在食品加工行业，青花椒主要用于怪味胡豆、绝味鸭脖等麻辣味的休闲食品；青花椒同时也是家庭厨房的必备佐料。我国人口众多，市场庞大，随着人们生活水平的提高，青花椒油、花椒粉、快餐面佐料等市场的规模快速增长，国内市场对青花椒的需求快速上升，加上人们食用口味逐年加重，青花椒作为热门调料之一，销量逐年增加。

小小青花椒，致富大产业。近年来，广安市前锋区建立"农户＋公司＋村集体＋基地"等合作发展模式，将政府投入的基础设施量化为股份，让椒农既能有种植收入、土地租金、务工薪金，又能获得产业收益，成功带动全区5 000多户椒农年均增收1.2万元。如今，广安青花椒已成为广安的一张响亮地方名片，成为前锋区可持续助农增收的"摇钱树"，成为践行"绿水青山就是金山银山"理念的具体实践地。

二、广安青花椒生长结果习性

4. 广安青花椒对生长环境条件有何要求？

广安青花椒对自然条件有很强的适应能力，在超越其生态条件时，虽能生存，但往往生长不良，产量低，品质差，甚至失去栽培意义。影响广安青花椒生长发育的主要生态因子有温度、光照、水分、立地条件和土壤类型等，以下列 5 ~ 8 问题详细说明。

5. 广安青花椒对温度有什么要求？

温度是气候因子中最重要的影响因子，对植物的生长发育及产量有着极其重要的影响。广安青花椒作为喜光树种，对温度要求较高，喜光照充足的向阳面，最适宜在年平均气温 16℃的地区种植，在年平均气温 12 ~ 15℃的地区较适宜种植。广安青花椒不耐寒，如果当地年平均气温低于 12℃，则越冬困难，极易发生冻害，不宜种植。

当春季气温回升变暖且日平均气温稳定在 8℃以上时，广安青花椒芽开始萌动，日平均气温达到 10℃左右时，萌芽开始抽生。广安青花椒展叶后，如遇倒春寒，新梢会受到冻害。其花期适宜的日平均气温为 16 ~ 18℃，花期的早晚与开花前 20 ~ 30 天的平均气温密切相关，气温高时开花早，气温低时开花晚。广安青花椒果实发育适宜的日平均气温为 20 ~ 25℃。

6. 广安青花椒对光照有什么要求？

光照条件与植物的生长发育、果实产量和品质息息相关。广安青花椒是阳性喜光树种，喜欢光照充足的向阳面，一般要求年日照时数不得少于 1 000 小时。光照条件越充足，树体生长发育就越健壮，与此同时病虫害越少，产量和品质就越高；当光照不足时，会导致枝条生长细弱、分枝少、果穗和果粒都变小、病虫害多、产量低。当广安青花椒在开花期时，如能保证充足的光照，其坐果率会明显提高；但如遇阴雨、低温等不良天气，则易引起大量落花、落果。

7. 广安青花椒对水分有什么要求？

广安青花椒抗旱性较强，对湿热和高温干旱有较强的耐受力，故对水分要求不高，一般要求年降雨量在 600 毫米且分布均匀，就能基本满足其生长和结果。土壤过干或过湿都不利于广安青花椒的生长发育。当土壤水分过少时，易造成干旱，阻碍根系吸收养分和地上部枝叶的水分蒸腾，影响生理代谢过程，不利于营养物质的积累，易导致减产；幼树和壮树遇前期干旱和后期多雨天气时，易引起后期徒长，导致越冬后抽条干梢。当土壤水分过多时，通气不良，会使根系生理机能减弱而生长不良，易发生病虫害，因此，在易积水的地方必须解决排水问题。

8. 广安青花椒对地形及土壤有什么要求?

地形和海拔不同，小气候各异。广安青花椒适宜于在坡度平缓、排水良好的山地或丘陵、土层深厚而湿润、背风向阳的环境中栽培。

土壤质地对广安青花椒根系的分布和生长及其对土壤中水分和养分的吸收也有重要影响。广安青花椒根系喜疏松、肥沃的土壤、排水良好的园地，土壤中空气含量适宜，有利于根系的延伸生长，但在过分干旱瘠薄的地方则会生长不良。广安青花椒喜肥，适当增加土壤有机质有利于提高果实产量和品质。

9. 广安青花椒有什么植物学特征?

广安青花椒属常绿或半常绿灌木或小乔木，树体高 2 ~ 4 米，树皮暗灰色，树姿开张，树冠较大，植株生长势偏强。枝和干无毛，上面均具有短小皮刺和白色突起的皮孔，刺基部两侧压扁状。枝条萌蘖能力较强，呈披散形，较柔软且分枝角度大。

叶片为奇数羽状复叶，互生，叶面在放大镜下有可见的细短毛或毛状凸体，叶缘有细裂齿或近于全缘，齿缝有腺点；叶轴具狭翅，具稀疏而略向上的小皮刺。叶表面绿色有细毛，背面苍绿色，边缘有细锯齿，疏生油点。小叶 3 ~ 9 片，偶见 11 片，椭圆披针形，纸质，几无柄，位于叶轴基部的常互生，顶部短至渐尖，基部圆或宽楔形，两侧对称，有时一侧偏斜，长 1 ~ 4 厘米，宽 0.2 ~ 1.2 厘米，油点多或不明显。

圆锥花序，长 3 ~ 8 厘米，花单性，小而多，青色，花期 3 月上旬至 4 月上旬。

广安青花椒果实多为 2 ~ 3 个上部离生的小蓇葖果，集生于小果梗上，呈球形，沿腹缝线开裂，直径 5.35 毫米；果穗长 9.2 厘米，穗粒数 68 粒。鲜椒成熟时果皮为青绿色（此时种子未成熟），油腺密而突出，气味清香，麻味浓郁，种子成熟时鲜椒果皮为紫红色，种子呈黑色，散有多数油点及细密的网状隆起皱纹，有光泽，内部光滑呈白色且也有光泽。果熟期在 7 月至 9 月，早期丰产性较好，定植后 2 ~ 3 年开花结果，5 ~ 6 年进入盛果期（彩图 3）。

广安青花椒为浅根性树种，根系垂直分布较浅，而水平分布范围较广，由主根、侧根和须根组成。主根不发达，一般分生出 3 ~ 5 条粗而壮的一级侧根。一级侧根呈水平状向四周延伸，同时分生出小侧根，构成强大的根系骨架。广安青花椒侧根较发达，较粗，多分布在 40 ~ 60 厘米深的土层中，有的侧根水平延伸 5 ~ 6 米，在冠幅的 2 倍以上。主根和侧根上可发出多次分生的细短网状须根，须根上再长出大量细短的吸收根，作为吸收水肥的主要部位，较细的须根和吸收根主要集中分布在 10 ~ 40 厘米的土层中。

三、广安青花椒苗木繁育

10. 怎样选择和准备苗圃地?

（1）苗圃地的选择

苗圃地的选择是建立苗圃的基础，苗圃地条件的好坏，直接影响着苗木的产量和质量。苗圃地选择得当，有利于创造良好的经营管理条件，提高经营管理水平；苗圃地选择不当，苗木长势差，往往会对今后的育苗工作带来难以弥补的损失。因此，为了保证单位面积苗木产出的数量多、质量好，应全面考虑苗圃地所在的区域位置、自然条件和经营状况等因素。

①位置。首先要靠近水源，便于灌溉和管理。其次应靠近主要交通衔接点，如水路、公路等，以利于苗木的出圃和苗圃所需物资的运入，便于组织生产，有效利用劳力和电力等。苗圃地还应尽可能设在靠近乡镇或居民点的地方，以便招收临时工、季节工。另外，苗圃地应尽量靠近建园地，就地育苗，就地栽植，这样苗木既能适应园地的环境条件，又可减少运输路程，避免因长途运输造成苗木机械损伤和根系失水，提高栽植成活率。同时也要注意远离污染源。

②地形地势。建立固定苗圃，选择排水良好、地势较高、地形平坦的开阔平地或坡度为3°～5°的缓坡地为宜，既宜灌水又宜排水，也便于机械化作业。如果地形起伏较大，由于坡向不同，直接影响光照、温度、湿度，土层厚薄对广安青花椒苗木的生长发育也有很大的影响。因此，应选择背风向阳的平地或坡地，严禁在风口、低洼及陡坡地育苗。

③土壤。土壤条件直接影响苗木的产量和质量，尤其对根系的生长影响很大，广安青花椒的育苗一般应选石砾少，土层深厚、肥沃，结构疏松，通气性和透水性良好，pH 值5.5～8的砂壤土、轻壤土或壤质沙土，不宜在黏土、沙土上育苗。

④病虫及鸟兽害。地下害虫数量超过标准规定的允许量，或有较严重的根腐病病菌等感染的地方不宜选作苗圃地。但如果具备控制或根除现有病虫害的措施，而不影响育苗效果，仍可考虑选择。苗圃附近不可有感染传染病病菌的树木或是病虫害中间宿主的树木，也不要有能招引病虫的树木。不要选用鸟群栖息地、鼠害和其他动物危害较重的土地作为苗圃地。

（2）苗圃地的整理

土壤是苗木的重要生存环境，苗木从土壤中吸收各种养分和水分。因此，为了培育出高产、优质的广安青花椒苗，必须保持和不断提高土壤的肥力，使土壤含有足够的水分、养分和通气条件，深耕细作，保证合理施肥，为种子发芽和苗木生长创造良好环境。

①土壤耕作。土壤耕作又称为整地，其作用是疏松土壤结构，增加土壤的通气性和透水性，提高土壤的蓄水和抗旱能力，有利于改善土壤的温热状况，促进有机质的分解。因此，在广安青花椒播种前，整理苗圃地是获得优质壮苗的基础。其主要分为

全面整地和局部整地，首先需要清除苗圃地的杂草、树根、石块等杂物，然后做到及时平整、全面耕翻、土壤细碎。

耕地是土壤耕作的主要环节，耕地的季节要根据气候和土壤而定，一般在春秋两季进行。秋季耕地可提高土温，促进土壤矿化，保持土壤水分，减少虫害，因此一般应于育苗前实行秋耕，深度以 25 ~ 30 厘米为宜。

耙地是耕地后进行的表土耕作，其作用主要是破碎结皮，耙平地面，清除杂草。耙地的季节和时间对耙地效果影响很大，应根据土壤和气候条件而定。一般在秋耕后要及时耙地，防止跑墒。

②施肥。在苗木培育过程中，为了提高土壤肥力，弥补土壤营养元素不足，改善土壤理化性质，给苗木生长发育创造有利的环境条件，需进行科学施肥。在耕地前需要均匀地在地表撒施肥料，并均匀翻耕入土，每亩需施有机肥 150 ~ 300 千克或者复合肥 25 ~ 50 千克。

③作苗床。为了给种子发芽和幼苗生长发育创造良好的条件，便于苗木管理，在整地施肥的基础上，要根据苗圃地土壤质地和雨季排水情况确定育苗床类型。一般情况下，降雨量多或排水不良的黏质土壤的苗圃地应作高床，且畦沟低于床面 30 厘米；水分条件较好，不需要灌溉的地方或排水良好的砂壤质地的苗圃地可作平床，床面宽 1.2 ~ 1.5 米，畦沟宽 0.4 ~ 0.5 米，当地块过长时应断成若干节，中间开挖排水沟，在苗圃地的四周也应开挖排水沟，以便雨季及时排出积水。可以适当加宽畦沟或畦埂作为步道，有利于苗圃地的管理。另外，作床时间应与播种时间密切配合，尽量在播种前 5 ~ 6 天内完成。

④土壤处理。土壤处理是应用化学或物理的方法，消灭土壤

中残存的病原菌、地下害虫或杂草等，以减轻或避免其对苗木的伤害，一般采用简便有效的化学药剂来处理。在播种前 5 ~ 7 天需进行土壤处理，将药剂均匀撒施于畦面上，旋耕入土。雨天用细干土加入 1% ~ 3% 的硫酸亚铁粉制成药土，将药土均匀撒入床面或播种沟内进行灭菌，或向土壤喷洒 1% ~ 3% 的硫酸亚铁水溶液（每平方米喷洒 3 ~ 4.5 千克）灭菌。杀灭土壤害虫可喷洒 5% 西维因（每平方米 6 ~ 7.5 克）或用喷粉器喷粉，并随即翻耕。要注意的是，用药量不能太大，以免发生药害，如临近播种期，药量应尽量减少，以免影响种子发芽。

11. 广安青花椒苗木种子繁育流程是什么?

（1）准备土壤

种子在育苗前，应该准备好要使用的土壤。对广安青花椒来说，需要土壤厚度在 40 厘米左右，且具有良好的透气性和排水性的疏松肥沃砂质壤土。在种子育苗之前，要将土壤进行消毒处理，提高种子成活率，可在土壤里喷洒多菌灵溶液，之后均匀地施加一次基肥，基肥以腐熟饼肥或者有机肥为主。

（2）选种

应选择 5 年以上生长健壮、结果早、产量高、品质优良的广安青花椒树作为采种树，在 9 月果皮呈紫红色，内种皮变为黑色时采集种子。为了让出苗率更高，应选择充分成熟、果实饱满、外皮紫红、内皮黑色的没有任何破损和病虫害的种子，采后放在通风良好的室内阴凉处晾干，切忌因暴晒而使种子丧失发芽力。

（3）浸种

广安青花椒一般需要适当的浸种处理，这样不仅可以促进种子发芽的速度，还能提高发芽率。将干藏种子倒入 2% ~ 3% 的 50℃温碱水内搅拌搓洗，使其充分浸泡，待种壳外面出现黏状油脂时捞出，掺入细干土或草木灰使劲揉搓，将表皮的油脂脱干净后，用稀释的 4% 高锰酸钾浸泡消毒，然后捞出，晾干后即可播种。

（4）播种

广安青花椒种子较小，一般和细沙进行混合播种。播种深度通常不需要太深，正常情况下是种子直径的 2 ~ 3 倍。将种子均匀撒在苗床上，再覆盖一层薄土，播种后用喷壶喷水，再覆盖上地膜即可。播种后土壤也要有一定的湿度，不要浇大水，容易冲跑种子，可用喷洒等方法来补水（彩图4）。

（5）出苗管理

广安青花椒播种后两周左右开始陆续出苗，此时就要开始苗期管理工作（彩图5）。可适时间苗、定苗、中耕除草，避免幼苗拥挤和相互遮光，有利于培育壮苗（彩图6）。当种子出芽后把覆盖物去掉，保证土壤湿润，当小苗长大后可根据情况进行移植，在定植之后，可以适当地加大水肥管理及病虫害防治，以促进苗木的生长。

12. 怎样进行广安青花椒种子的采集、贮藏、处理与播种?

（1）种子采集

种子采集是广安青花椒生产中的重要环节，将直接影响其品质和产量。一般从以下几个方面进行种子采集。

①种子产地的选择。一般要求就地育苗，就地采种。近年来，随着青花椒生产的大力发展，广安青花椒在广安市农村经济中占有越来越重要的地位，栽培区往往需要从其他产区调种。因此，首先要考虑的是种子产地与育苗地之间生态环境的差异程度，尽量从与育苗和建园地土壤、气候等环境条件相近的地区调种。

②组织准备。采种前要做好组织准备工作。首先实地检查采种地，估测实际可收种量，并制订相应的采种方案，组织采种人员学习采种技术，进行安全生产和保护母树的培训；母树必须严加保护，不允许伐树或砍截大枝采种子，严防抢采掠青。

③母树的选择。选择采种母树是重要的环节，母树苗木生长具有一定的区域适应性，所以母树选择应就地，必须从丰产、稳产、抗性强的良种母树采种，才能结出优质的种子。母树的树龄应达到壮年，过幼或过老都不适宜，且必须生长旺盛，发育健壮，无病虫害。采种的母树最好选地势向阳、生长健壮、品质优良、无病虫害、结实年龄在 10 ~ 15 年的青壮年结果树。

④采种时间。适宜的采种期是获得种子产量和质量的重要保证，因此种子的采集必须在种子成熟后进行。成熟的种子完成了胚的生长发育过程，种实外部显示出固有的成熟特征，开始进入休眠状态，其内部积累了大量营养物质，转化为贮藏状态，此时发芽率较高。若采集时间过早，种子尚未成熟，外部不饱满，内部含水率较高且各种营养物质处于易溶状态，发芽率低，将大大影响种子质量；若采集时间过晚，种子脱落飞散后则不便收集，给采种工作造成困难。因此，选择适宜的采种时间十分重要。广安青花椒的果期为 6 月上旬至 8 月中旬，种子成熟期为 8 月下旬至 9 月下旬，种子成熟时果皮为紫红色，果皮内有黑色发亮的种

子，且种胚发育完整，此时即为其育苗采种的最佳时期。

⑤采种方法。广安青花椒种子一般使用人工采集的方法，选择向阳枝梢上颗粒饱满的大果穗进行采摘。采种时要注意天气，通常在晴天的上午，等到露水干后，用手摘取或用剪刀将结有果实的果穗采下。在雨天和露水未干的时候，不要急着采摘，否则会使广安青花椒的色泽暗淡，品质下降，贮藏后也容易发霉变黑。

⑥晾晒和净种。用来育苗的广安青花椒果实在采收后不能直接在太阳下暴晒，也不能在水泥、沥青等硬质地面上晾晒，避免使用烘干机烘干，要放在通风良好、干燥的室内或阴凉通风处，摊在筛垫上晾干，使果皮与种子自行分离。晒制种子时摊放不能太厚，以 3 ~ 4 厘米为宜，每隔 3 ~ 4 小时用木棍轻轻翻动 1 次。可用竹棍做一双长筷子，把广安青花椒夹住，均匀地排放在席上，晒干的广安青花椒果皮从缝合线处开裂，只有小果梗相连，这时可用细木棍轻轻敲打，使种子与果皮脱离，然后将种子放入水缸或盆中，加多于种子 1 ~ 2 倍的清水，搅拌揉搓后静置几分钟，除去上浮秕种和杂物，滤去水后再将湿种及时摊放在干燥、通风的室内或棚下阴干，这样就能得到纯净种子。切忌暴晒，否则会使种胚灼伤，丧失发芽力。一般纯净种子每千克 5.5 万 ~ 6 万粒，千粒重 16 ~ 18 克，发芽率在 85% 左右。

（2）种子贮藏

种子采收后，除秋季随采随播以外，需经过冬季贮藏。贮藏种子应保持低温（0 ~ 5℃）、低湿（空气相对湿度 50% ~ 60%）和适当通气。一般生产上根据贮藏目的分为室内干藏法和湿沙藏法，具体如下：

①室内干藏法。将充分干燥的新鲜种子装入麻袋、箩筐、箱、缸、罐等容器中加盖，置于低温、干燥、光线不能直射的通

风房间内即可，但不要密封。用这种方法保存的种子，播种前必须进行脱脂及催芽处理。

②湿沙藏法。选择在通风向阳、排水良好、背风且管理方便的地方，挖深 40～50 厘米、宽 1 米、长度按种子数量而定的沟，沟内每隔 2 米左右插一束草把，然后将 1 份种子与 2 份含水 40%～50% 的湿沙（以用手能握成团，松手即散开为好）拌匀后贮于沟中，堆至距沟沿 16 厘米左右时，在上面覆盖湿沙，与地面平，随后稍做镇压，再填土呈垄状，最后覆土成形。为防止积水，需在周围挖好排水沟。在贮存期间要注意检查和翻动种子，以防发霉。经过湿沙贮藏的种子，已起到催芽作用，待来年春季适宜时间，种子膨胀裂口时将其取出及早进行播种，沙藏时间一般不少于 50 天。

（3）种子质量检验

在种子采集、贮藏过后，需要进行质量检验，才能正确判断其品质和使用价值，具体有以下 2 种方法。

①目测法。用眼睛观察种子的外表来检验种子的品质。若种子饱满，无虫蛀、无病虫害、无霉变，种皮光泽较暗、不光滑，剥皮后种仁呈乳白色，不透明，有弹性，呈油渍状，则判定为有生命力的好种子；种子外皮光滑，种仁呈黄色或淡黄色，似黏非黏的，则是烘过或晒过的种子，此类种子质量较差。

还可以通过观察种阜状态来鉴别种子的质量。若种阜处组织疏松、呈海绵状的为阴干的种子，质量较好；若种阜处组织干缩结痂，则为种内油脂外溢后晒干的种子，质量较差。

②比重法。把种子放入盛有清水的容器内，观察沉浮。饱满的种子下沉，空秕的种子上浮。

（4）种子催芽处理

休眠种子必须经过催芽，解除休眠才能顺利萌发。广安青花椒种子外壳坚硬，外皮具有较厚的油脂蜡质层，不易吸收水分，播种当年难以发芽。因此，在播种前需要进行催芽处理，这样会使种子发芽更顺利，发芽速度更快，苗木生长更加顺利。常用的方法如下。

①温水浸种催芽法。将干藏种子倒入2%～3%的50℃温碱水内搅拌搓洗，使其充分浸泡，待外壳外面出现黏状油脂时捞出，掺入细干土或草木灰使劲揉搓，将表皮的油脂脱干净后用稀释的4%高锰酸钾溶液浸泡消毒，然后捞出晾干后即可用于播种。或将吸胀的种子继续在25℃下盖湿纱布催芽，每日清水淘洗数次，连续催芽2周，观察到大量种子露白后进行春播。

②沙藏层积催芽。此方法适用于春季播种。用广安青花椒种子和2倍的湿沙子混合，堆成一堆后覆盖麻袋或草席，使其透气、透光、保温，每天喷水保湿翻动，种子外壳开裂即可播种。在春季3月下旬，检查越冬沙藏种子发芽情况，当发现1/3种子露白后应及时播种。

③混沙催芽。此法适用于春季播种。在2月底或3月初，在向阳且背风处开挖催芽池，深度大约50厘米，底部需铺上洁净湿润的河沙，然后将浸种吸胀的种子或冬季沙藏的种子混沙，置入催芽池内，在上部平铺黑色地膜，然后搭小拱棚连续催芽10天左右即可发芽。

（5）播种

播种是广安青花椒苗木繁育的重要环节，播种质量直接影响种子发芽率、出苗快慢、出苗后的整齐程度以及苗木的产量和质量。

①播种时间。播种时间是影响苗木质量的重要因素，直接影响着苗木生长期的长短、出圃的年限、幼苗对环境的适应能力等。春秋两季均可播种，一般以秋季播种较为适宜。

春播：春季应适当早播，当地表以下 10 厘米深的地温达到 8 ~ 10℃时为适宜播种时间，即惊蛰至春分时播种，适宜于春季降雨较多、土壤湿润的地方。此时播种的幼苗抗性强，生长期长，病虫害少，具有从播种到出苗的时间短，减少管理用工，减轻鸟、兽、虫等对种子的伤害等优点。春季播种要注意防止晚霜危害，由于播种时间较短，田间作业紧迫，种子需要冬藏和催芽，育苗成本较大。

秋播：秋季是重要的播种季节，一般在 10 月下旬至 11 月下旬进行。秋季日照时间较长，适合播种喜温喜光的广安青花椒，可播种的时间长，不仅便于安排劳动力，而且种子在土壤中完成催芽过程，省去了种子贮藏和催芽等工作，减缓春季作业繁忙人力不足的矛盾。来年春天幼苗出土早而整齐，因而延长了苗木的生育期，幼苗生长健壮，成苗率高，抗性强，但种子易受鸟兽危害。

②播种方法。广安青花椒常用的播种方法主要是条播和撒播两种。

条播：即人工开沟播种，在生产上应用最广，是按一定距离把种子均匀撒在沟里，一般行距 20 ~ 25 厘米。大田采用单行条播和宽行条播，苗行方向以南北向为好。条播的优点在于操作简单，抚育管理方便，有利于苗木生长，但条播分布不均匀，苗木产量低，浪费种子，很难把握苗木成活率。

撒播：即把种子均匀地撒在苗床上。其优点是覆土均匀，苗木容易出土，种子分布均匀，产苗量高。缺点是抚育管理不便，苗木密集，通风透光差，生长不良，用种量也较大，一般较少使用。

③播种量。播种量是指单位面积上播种的数量，播种量确定的原则是用最少的种子，达到最大的产苗量。种子质量差，则播种量就大，因此适宜的播种量，需经过科学的计算。条播一般每亩 10 ~ 15 千克，撒播每亩 20 ~ 30 千克。

④播种技术。为了提高播种质量，要注意做到播种行通直，开沟深浅一致，撒种均匀，覆土厚度适宜。条播时，为了使播种行通直，一般先画线，然后照线开沟，深度一般为 2 ~ 3 厘米，做到均匀一致。撒播时，向播种沟内均匀撒上种子，播种后立即覆土，保证种子发芽所需的温度和水分，避免鸟兽危害，使种子安全发芽。覆土厚度是整个播种过程中最关键的环节，它直接影响出苗率和幼苗整齐健壮度。如果覆土过厚，种子发芽困难，幼芽容易闷死；覆土过薄，土壤易干燥或种子暴露于土壤外面，影响发芽。覆土要薄，以不见种子为宜，一般覆土厚度应为种子短轴的 2 ~ 3 倍，在此基础上还应根据气候、土壤、播种期而灵活掌握。为便于种子与土壤紧密结合，充分利用毛细管水，通常在气候干旱、土壤疏松及土壤水分不足的情况下，覆土后进行镇压，但对黏重土壤和播种后有灌溉条件的则不宜镇压。播种后，为了防止地表板结，需要保蓄土壤水分，减少灌溉，抑制杂草生长，防止鸟兽危害，提高种子发芽率。

覆盖可保蓄水分，减少灌溉量，同时也可防止水分蒸发而导致的土壤板结，减少幼苗出土的阻力，因此需对播种地用塑料薄膜、细沙、秸秆等进行覆盖。塑料薄膜覆盖多在早春低温干旱时，能起到明显的增温保湿效果，促进提早出苗。但塑料薄膜覆盖在出苗后要注意观察，并及时通风、撤膜，以免灼伤幼苗。秸秆覆盖可用干净的稻草等，厚度不宜太厚，当幼苗60%～70%出土、有2～3叶时，及时分期撤掉秸秆，一般分2～3次完成即可。秸秆覆盖的效果不及薄膜覆盖，但是操作简单、方便。还可采用细沙覆盖，厚度一般为1～2厘米，该方法保湿增温效果好，操作便捷，对于秋季播种的应在播后先灌水，再覆沙，而对于春季播种的，在播后即可覆沙。

在地势平坦的苗圃，可采用播种机进行机械播种。其优点是作业效率高、减轻劳动强度，省种省工；作业质量好，株距、行距均匀，深浅一致；苗壮、苗齐，产量高。

13. 怎样管理好广安青花椒苗？

（1）间苗、补苗与定苗

间苗可分2～3次进行，苗高3～5厘米时，可进行第一次间苗，隔15～20天后进行第二次间苗。苗高10厘米左右时定苗，留苗要均匀，苗距10厘米左右，留壮去劣，留健去病，每亩2万～3万株。定苗时应比计划产苗量多留8%～10%。间苗后的幼苗可带土移栽到缺苗的地方，也可移到其他苗床培育。在幼苗4～5片真叶时移苗最好，移栽前2～3天灌水，以利挖苗保根，最好在阴天或傍晚移栽，可提高成活率，晴天移栽注意遮阴。

（2）松土与除草

在苗木生长期间，及时中耕松土，防止土壤板结，提高土壤养分有效利用率。杂草繁殖力强，生长迅速，与幼苗形成竞争关系，一般在苗木生长期内中耕除草4～5次，使苗圃地经常保持土壤疏松、无杂草，前期松土深度以 2 ～ 4 厘米为宜，随苗木增高而加深，除草时注意不要伤到幼苗。

（3）防止日灼

高温暴晒天气容易使刚出土的幼苗先端枯焦，称为日灼（烧芽）。播种后在床面上覆草，可以调节地温、减少蒸发，并有效地防止日灼。幼苗出土后适时分批撤去覆盖物，过早达不到覆盖的目的，过晚则影响幼苗的生长。一般从广安青花椒苗齐苗开始，到 2 片真叶时可全部撤除。

（4）施肥与灌水

广安青花椒苗出土后，5 月中下旬苗木开始迅速生长，6 月中下旬进入生长盛期，此时需水肥量大。这段时间每亩可施硫酸铵或尿素 20 ～ 25 千克，以促进苗木生长。对生长偏弱的，可于 7 月上旬至 8 月中旬追施速效氮肥。也可在 7 ～ 8 月苗木生长旺盛期，根外追施 1% ～ 2% 的磷酸二氢钾 2 次。追施氮肥不可过晚，最迟不能晚于 8 月下旬，以免苗木贪青徒长，木质化程度差，不利于安全越冬。施肥后立即浇水 1 次，无灌溉条件的可抢在雨前施肥。

出苗后，根据天气情况和土壤含水量决定是否灌溉，一般当土壤表层 5 厘米以下出现干燥情况时浇水，苗木生长后期控制浇水，以防贪青徒长。在雨水过多的地方，要注意及时排涝，避免积水影响苗木生长。

（5）病虫害防治

苗期病虫害主要有蚜虫、凤蝶幼虫、锈病等，遵循"预防为主，防治结合"的原则，及时防治。

14. 广安青花椒嫁接苗有哪些特点？

嫁接育苗是广安青花椒集约化经营的方向，有广阔的前景。嫁接繁殖的接穗取自阶段性成熟、性状已稳定的优良品种的植株，因而不仅能保持其母体品种的优良性状，获得遗传品质较好的优质苗木，还兼具开花结实早、抗病性强且不易发生变异的特点。

15. 怎样选择接穗？

嫁接苗的接穗部分将来发育形成植株的地上部。接穗品种的选择不但要考虑市场的需求，还要考虑品种的产量、品质、成熟期、适应性等。首先应选好采穗母树，应为生长健壮、无病虫害的良种树，也可建立专门的采穗圃。接穗的质量直接关系到嫁接成活率，应加强对采穗母树或采穗圃的综合管理。穗条为长1米左右，直径0.4～0.6厘米，生长健壮、发育充实、无病虫害的发育枝或徒长枝。芽接所用接穗应是木质化程度较好的当年发育枝，幼嫩新梢不宜做穗条，接穗的芽要用中部充实饱满的芽，上部的芽不充实，基部的芽瘦小，均不宜采用。嫁接时将芽两侧的皮刺轻轻掰除。

16. 怎样采集和贮运接穗？

嫁接所用接穗从广安青花椒进入冬季休眠期到芽萌动前都可进行采集。从良种母树树冠外围中上部选择生长充实、芽体饱满的一年生无病虫害枝条做接穗。采穗时宜用手剪或枝剪，忌用镰刀削。剪口要平，不要剪成斜面。采后将穗条按长短粗细分级，每30～50条一捆，基部对齐，剪去过长、弯曲、不成熟的顶梢，有条件的用蜡封上剪口，最后用标签标明品种。接穗用量大或需长途运输时，应先将其皮刺剔除，每50～100根捆成一捆，用标签标明品种、数量、品种、采集时间与地点等，然后用湿布袋包裹，布袋外同样挂上标签，放在背阴处，并注意保湿，等待及时调运和使用。

嫁接所用接穗最好在气温较低的晚秋或早春运输，高温天气易造成接穗霉烂或失水，严冬运输应注意防冻。接穗运输前，要用塑料薄膜包好密封。长途运输时，塑料包内要放一些经消毒处理过的湿锯末。

对冬季采集准备来年春季嫁接的接穗，打成小捆挂上标签后，贮藏备用。贮藏时，可在背风阴冷处挖深40～60厘米、宽80～100厘米的沟，沟长视接穗多少而定。沟内底层铺10厘米厚的湿沙，再把捆好的接穗放入沟内，捆与捆之间保持一定的间隙，填埋湿沙，用湿沙把捆与捆之间隔开，最后在上部盖上30～40厘米的湿沙或湿土，并高出地面。注意严禁用塑料布包裹埋藏，以免霉变造成损失。

芽接所用接穗也应为发育充实、芽子饱满的新梢。接穗采下后，留1厘米左右的叶柄，将复叶剪除，以减少水分蒸发，然后保存于湿毛巾或盛有少量清水的桶内，随用随拿。

17. 广安青花椒嫁接主要采用哪几种方法?

枝接和芽接是目前生产上应用最广泛的嫁接方法。用一个芽片作接穗的为芽接，有"T"形芽接、方块形芽接等；枝接是用有1个或几个芽的一段枝条作接穗的嫁接方法，包括劈接、切接、舌接、皮下腹接等。

（1）"T"形芽接（盾状芽接）

①切砧。在距地面20厘米左右处树皮光滑无疤的部位横切一刀，长与芽片相当，深达木质部；然后从横切口中央切一垂直切口，长1.5~2厘米。切口时不要太用力，以防切伤木质部。

②取芽。以当年生新鲜枝条为接穗，立即除去叶片，留下叶柄。在接芽上方0.3~0.4厘米处，横切一刀，长0.5~1厘米，深达木质部，再由下方1厘米左右，自下而上，由浅入深，削入木质部，削到芽的横切口处，使之呈上宽下窄的盾形芽片，用手指捏住叶柄基部，向侧方推移，即可取下芽片。

③接合。接时稍撬开皮层，手持芽片的叶柄把芽片插入切口皮层内，使芽片上"T"字形的切口横边对齐。

④绑缚。用塑料薄膜条从下向上把切口捆绑好。捆绑的长度以超过接口上下各1~1.5厘米为宜。注意保护芽头，以免雨水或露水渗入接口。绑缚时松紧要适度，太紧或太松都会影响成活。

"T"形芽接示意图详见图1。

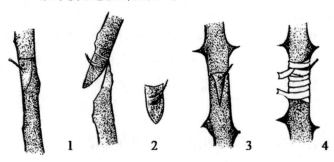

1.削接芽，2.芽片，3.嵌入接芽，4.绑缚

图1 "T"形芽接［引自张和义《花椒优质丰产栽培》］

（2）方块形芽接

芽片切成约为 1 厘米 ×1.5 厘米的方块状，将芽片放在 5% 蔗糖液中浸泡不超过 10 分钟，或包于湿毛巾中，防止氧化。在砧木光滑处切除与芽片大小相同的砧木皮方块。将芽片植入砧木的切口内，沿芽片边缘用芽接刀划去芽片外砧木的表皮，露出芽眼和叶柄，最后加以捆绑即可。

方块形芽接示意图详见图 2。

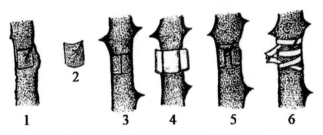

1. 削接芽，2. 芽片，3~4. 切砧木，5. 嵌入接芽，6. 绑缚

图 2　方块形芽接 ［引自张和义《花椒优质丰产栽培》］

（3）劈接

用于砧木较粗，或用于改劣换优及枝干较粗的大树。嫁接时，选择 2 ~ 4 年实生苗，在离地面 20 厘米、砧木光滑通直处截头，要求切面平滑；而后从断面中央切开，深度以 3 厘米左右为宜。取接穗，两侧各斜向下削一刀，形成 3 厘米左右的楔形，接穗上端留两三个芽。将接穗插入砧木，使砧木和接穗的形成层密切贴合。用麻绳或嫁接膜从下向上把接口绑紧，绑缚时不能触动接穗，以免砧木和接穗的部位错开，并注意保湿。

劈接示意图详见图 3。

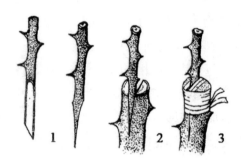

1. 削接穗，2. 插接穗，3. 绑缚

图 3　劈接［引自张和义《花椒优质丰产栽培》］

（4）切接

①削砧。砧木宜选用切口直径 1.5 ～ 2 厘米的幼苗，在距地面 2 ～ 3 厘米处截断，选皮层厚、光滑、纹理通顺的地方，削平断面后，在皮层内略带木质部垂直向下切 2 厘米左右。

②削接穗。接穗长 10 ～ 15 厘米，以保留 2 ～ 3 个芽为原则。在接穗下芽的背面 1 厘米处斜削一刀，削去 1/3 的木质部，斜面长 2 厘米左右，再在斜面的背面斜削一小斜面，稍削去一些木质部，小斜面长 0.5 ～ 0.8 厘米。

③插接穗。将接穗插入砧木的切口中，使形成层对准，砧、穗的削面紧密结合。如果接穗比较细，则必须保证一边的形成层对准。

④绑缚。用塑料条等缚条捆好，必要时可在接口处涂上接蜡或泥土，以减少水分蒸发，接后一般采用埋土的办法来保持湿度。

切接示意图详见图 4。

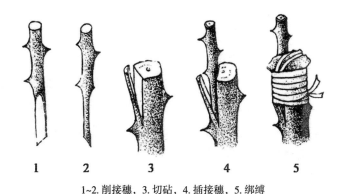

1~2.削接穗，3.切砧，4.插接穗，5.绑缚

图4 切接［引自张和义《花椒优质丰产栽培》］

（5）舌接

舌接一般适用于直径为 1 厘米左右的砧木，砧木和接穗的直径要大致相同。将接穗下部和砧木上端分别削成 45°的斜面，斜面均须光滑，砧木削面由上往下的 1/3 处垂直向下切一刀，切口约 1 厘米，呈舌状，接穗削面由下往上的 1/3 处切一长约 1 厘米的切口，接时将接穗的接舌插入砧木的切口，使接穗和砧木的舌状部交叉起来，对准形成层向内插紧（至少对准一边）。

舌接示意图详见图 5。

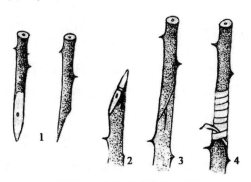

1.削接，2.砧木，3.接合，4.绑缚

图5 舌接［引自张和义《花椒优质丰产栽培》］

（6）皮下腹接（插皮接）

剪砧后，用嫁接刀在砧木离地面20厘米高且平滑处的皮上划一个T形，深达木质部。用刀尖顺刀口向左右挑开皮层少许。接穗下部削成0.5 ~ 0.8厘米长的斜面，在斜面的背面两侧轻轻削去表皮，使尖端呈箭头状，削面要平滑。之后将接穗大斜面朝里插入砧木皮层与木质部之间的削口处，直到把接穗削面插完为止，最后用塑料薄膜条扎紧。

皮下腹接示意图详见图6。

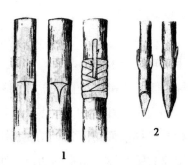

1. 砧木削法与嫁接，2. 接穗削法

图6　皮下腹接［引自张和义《花椒优质丰产栽培》］

18. 广安青花椒春季嫁接注意事项是什么?

春季嫁接应避开阴雨天，阴雨天会降低成活率。作为接穗的枝条要充实，芽不得萌发。接穗进入旺盛生长后，枝叶量大，易遭风折，需设支柱绑缚。

嫁接要求平、准、快、紧，即砧木和接穗的削面要平，双方的形成层相互对准密接，接穗的下端与砧木的上端对接，顺序不能颠倒，嫁接操作要快，包扎严密，绑缚松紧适度。

嫁接后及时检查成活情况，解除绑缚物。一般广安青花椒嫁接 20 ~ 25 天后可检查是否成活，嫁接接活后接穗上的芽新鲜、饱满，甚至萌动，接口处产生愈伤组织；若接穗枯萎变色，证明未成活，应及时补接。春季嫁接的接穗成活时即可解除绑缚薄膜。解除绑缚薄膜一定要适时，解绑过早则接口未长好，成活率会降低；解绑过迟，接口容易变形，影响苗木生长，将来容易从嫁接口折断。

19. 影响广安青花椒嫁接成活的主要因素有哪些?

（1）砧木和接穗的亲和力

砧木与接穗的亲和力是决定嫁接成活的关键因子和基本条件。亲和力是指砧木和接穗经嫁接能愈合成活并正常生长发育的能力。砧木与接穗的亲缘关系越近，亲和力就越强，嫁接就越容易成活。

（2）砧木与接穗的愈合过程

嫁接后能否成活，除砧木与接穗的亲和力外，还取决于砧木和接穗的形成层间能否相互密接产生愈伤组织。待愈伤组织形成后，细胞开始分化，愈伤组织内各细胞间产生胞间连丝，把彼此的原生质互相连接起来。由于形成层的活动，向内形成新的木质部，向外形成新的韧皮部，把输导组织沟通起来，砧木和接穗上下营养交流，使暂时破坏的平衡得以恢复，成为一个新的植株。

（3）湿度

广安青花椒接穗必须在适当的湿度中才能较快长出愈伤组

织，湿度过高或过低，均不利于愈伤组织形成。其愈伤组织形成的适宜湿度为 55% ~ 60%，低于 55% 或高于 60% 均不利于愈伤组织形成。

（4）温度

温度是影响广安青花椒嫁接成活的主要因子之一，愈伤组织形成的适宜温度范围为 22 ~ 27℃。

20. 怎样管理广安青花椒嫁接苗？

（1）检查成活，解绑及补接

广安青花椒一般嫁接后 20 ~ 25 天成活。当接芽或接穗新鲜，叶柄一触即落，说明嫁接后切口的位置已经开始愈合，叶柄的基部产生了离层，或芽已经萌动，表明嫁接成活。在接芽或接穗成活萌芽时即可解除薄膜，解绑过早，接口未长好，过晚则会造成接口变形，影响苗木生长。若接穗干枯腐烂变色，则说明未成活，需要及时补接。

（2）剪砧及除萌

在确定接芽成活且开始萌发后即可在接口上方 1 厘米左右剪砧。剪砧时刀刃应该在接芽侧，从接芽以上剪，向接芽背面稍微倾斜，切忌损伤接芽和撕破砧木树皮。剪砧后，应及时除去砧木基部抽发出的萌芽，以免消耗水分和养分，影响接芽生长。

（3）设立支架

在嫁接完成之后，新发出的枝条较为脆弱，要做好新发枝条的防风，并采取支架防护，保证新发枝条稳定生长。当广安青花椒嫁接苗新梢抽出 20 厘米左右时，可在苗干侧旁接口对面插一根长 50 ～ 60 厘米的支杆，并将新梢引缚于支杆上，支撑新梢，防止被风吹断。当苗高 40 厘米时，可再引缚一次。待新梢生长牢固，基本木质化或大风季节过后，及时拔出支杆。

（4）适时摘心

待芽苗长到 50 ～ 80 厘米时进行摘心，促进枝条木质化，加速枝干增粗，同时促进侧枝的发展。

（5）除草、施肥与防治病虫害

结合田间杂草情况适当进行中耕除草，一般情况下，每年除草 3 ～ 4 次，合理控水控肥，使水肥满足嫁接苗生长需要，并注意防治病虫害，为嫁接苗营造良好的生长环境。

21. 什么样的广安青花椒苗才算健壮苗木？

健壮的广安青花椒苗木根系健全发达，具有较粗的侧根 4 ～ 5 条，长度在 20 厘米以上，且具有较多的须根；茎根比小（苗木地上部鲜重与根系鲜重之比）的苗木根系多，苗木质量好，但茎根比不能过小，过小则表明地上部生长小而弱，质量也不好；苗木枝条长势健壮，发育充实，高度和粗度适宜，生长均匀，在整形带内具有 5 ～ 6 个不同方向的芽眼大且饱满的芽，无严重的病虫害和机械损伤。

22. 广安青花椒苗木出圃应注意什么？

苗木出圃是广安青花椒育苗的最后一个环节，是保证其苗木质量的关键。为使广安青花椒苗木栽植后生长良好，对苗木出圃工作必须予以高度重视。起苗前要对培育的苗木进行调查，核对苗木的品种和数量，根据购苗的情况制订出圃计划，安排好苗木假植和储藏场地。

（1）起苗和假植

在起苗前 7 ~ 10 天应向苗圃地灌足水，起苗时应注意保持根系完整，不能折断广安青花椒苗干，做好留优去劣工作。对于一年生苗的主根和侧根，要保持 20 厘米以上，根系必须完整。起苗时间应尽量与广安青花椒建园栽植时间相衔接，栽植的当天或前一天起苗最好。秋季栽植的应在停止生长后起苗，春季栽植的应在萌芽前起苗，雨季必须就近栽植，随起苗随栽，最好带土起苗。

苗木起苗后如果不能随即移栽或调运，可就地临时假植。假植沟应选择地势高、土质疏松、排水良好的背风处，挖一条宽、深 20 ~ 30 厘米，与主风向垂直的假植沟，沟迎风面做成 45° 倾斜面。然后分品种把苗木一排排放入沟内，用湿沙土把根埋严，埋完后浇一次小水，使根系与土壤结合，并增加土壤湿度，防止根部变干失水。

（2）苗木分级

苗木分级是圃内最后的选择工作，与定植后成活率和树体生长结果均有密切关系。一定要根据地方统一分级标准（表 1）对出圃苗木进行分级。Ⅰ级和Ⅱ级苗为合格苗，能出圃；不合格的苗木应列为等外苗，不能出圃，留在圃内继续培养。

表 1 广安青花椒苗木质量等级

苗木类型	苗龄/年	Ⅰ级苗				Ⅱ级苗			
		地径/厘米	苗高/厘米	根系		地径/厘米	苗高/厘米	根系	
				长度/厘米	>5厘米长的侧根数			长度/厘米	>5厘米长的侧根数
当年生苗	1	≥ 0.4	≥ 40	≥ 15	9	0.3 ~ 0.4	30 ~ 40	10 ~ 15	6 ~ 8
留床苗	2	≥ 0.6	≥ 60	≥ 16	10	0.5 ~ 0.6	50 ~ 60	12 ~ 16	8 ~ 10
嫁接苗	1	≥ 0.6	≥ 60	≥ 20	5	0.5 ~ 0.6	50 ~ 60	18 ~ 20	3 ~ 5
扦插苗	1	≥ 0.3	≥ 30	≥ 10	3	0.2 ~ 0.3	20 ~ 30	6 ~ 10	2 ~ 3
营养袋苗	1	≥ 0.3	≥ 30	≥ 10	4	0.2 ~ 0.3	20 ~ 30	6 ~ 10	2 ~ 4

注：Ⅰ级和Ⅱ级苗为合格苗。

（3）苗木检疫

苗木检疫是防止病虫害传播的有效措施。广安青花椒苗木出圃时，要对苗木进行严格检疫，发现带有检疫对象的苗木，需立即集中烧毁，即使是非检疫对象的病虫害也应防止其传播。因此，出圃时苗木需要消毒。常用的方法为：4 ~ 5 波美度的石硫合剂溶液浸苗木 10 ~ 20 分钟，再用清水冲洗根部一次，或用 1：1：100 式波尔多液浸苗木 10 ~ 20 分钟，再用清水冲洗根部一次。

（4）包装和调运

调运广安青花椒苗木时，可选用草袋等轻质柔韧材料作为包装材料，防止苗木根系失水或损伤，每 50 ~ 100 株打成一捆，并注明产地、品种、数量和等级。调运时要对苗木根系进行蘸浆。蘸浆时，在水中放入黄土，搅成糊状泥浆，将苗木根部放入泥浆内，使根系全部裹上泥浆。蘸浆有利于根系保湿，提高栽植成活率。若需远距离调运，装车后，用篷布包装严实，避免苗木吹风失水，尽量选择在夜间运输，以避免白天太阳照射对苗木造成的高温伤害。

注意，广安青花椒苗木出圃后要经过国家检疫机关检验并签发证明后才可调运。

四、广安青花椒标准化建园技术

23. 怎样选择广安青花椒园址？

广安青花椒生命周期长，一旦建立椒园，便不宜改变，因此，建园前应对自然及社会经济条件进行综合分析、论证，对园地的土质、地势、气候条件进行调查，确定建园的规模和目标，做出规划设计，以避免不必要的损失。建立椒园应重点考虑以下条件。

①园地的气候条件要符合广安青花椒的生长发育及对外界环境条件的要求。

②选择背风向阳的缓坡地、平地及排水良好的地方作为椒园。土壤以保水、透气良好的壤土和砂壤土为宜，土层厚度在60厘米以上，pH值7～7.5。

③建园地点要有灌溉水源，排灌系统畅通、方便，达到旱能灌、涝能排的要求。

④园地附近没有工矿企业，无工业废气、污水及过多灰尘等环境污染，土壤、水质和周围大气均要符合国家标准。

⑤椒园应建立在土壤肥沃，土层深厚，有机质含量较高，坡度较小，没有特别限制因素（如地下水位过高、pH值过高或过

低、深土层中有透水透气困难的黏土层等）的地方。

24. 广安青花椒园的规划设计包括哪些内容？

椒园的规划，主要包括作业区划分、道路系统规划和排灌系统规划等内容。规划得当的椒园有利于机械化作业，管理会更加方便。规划的原则是节约用地、方便管理提高生产效率。各规划系统占比主要取决于椒园规模大小及机械化程度高低，一般情况下，栽植广安青花椒的土地面积占椒园总面积的 85% ~ 90%，道路及排灌系统为 5%，附属建筑物及防护林占 5% ~ 10%。

（1）作业区划分

作业区是椒园的基本生产单位。其形状、大小、方向都要与当地的地形、土壤条件和气候特点相适应，与椒园内道路系统、排灌系统及水土保持的规划设计要相互配合协调。为保证作业区内技术的一致性，作业区内的土壤及气候条件应基本一致，地形变化不大，耕作比较方便，作业区面积可定为 50 ~ 100 亩。作业区的形状多设计为长方形。平地建园，作业区的长边应与当地风害的方向垂直，行向与作业区长边一致，以减少风害。

（2）道路系统规划

为使椒园生产管理高效、方便，应根据需要设置宽度不同的道路，保证运输车辆、耕作机具和作业人员的正常通行。规模较大的椒园应规划出椒园主干道、支路和行间作业道 3 级道路。主干道一般为小区的分界线，贯穿全园，便于运输，宽度要求 4 ~ 5 米；支路是连接干路通向作业区的道路，宽度要求达到 3 ~ 4 米；小路是作业区内从事生产活动的要道，宽度要求达到 2 ~ 3 米。小型椒园可不设主路和小路，只设支路。路面要内斜，内侧修筑排水沟。

（3）排灌系统规划

排灌系统是椒园科学、高效、安全生产的重要组成部分。要尽可能满足广安青花椒对水分的要求，做到旱能灌、涝能排。灌溉系统的规划包括水源、园内输水和行间灌水。

平地椒园水源一般为井灌或渠灌。井灌椒园可以按 50 亩地一眼井规划，计划安装微灌系统的椒园，一眼井可以保证 100 亩椒园的供水。

输水系统有渠道灌溉、喷灌、滴灌等方式。地面渠道输水投资少，但是占地多，水资源浪费大，水土肥流失较严重。从长远看，砖砌、以混凝土为内衬的输水渠或石砌的输水渠效果最好。输水渠外接水源，内连园内地面灌水系统。一般多建在道路的一侧。蓄水工程应比椒园位置高，以便自流灌溉。

椒园的田间灌水系统有全园漫灌、树行畦灌和行间沟灌。全园漫灌严重浪费水资源，应避免这种方法。树行畦灌多用于幼树，幼龄椒园顺树行做成宽 1 米左右的畦，既节约用水又能给幼树创造良好的生长空间。沟灌是在行间或冠缘投影处顺行向翻出深 30 厘米左右的沟（地下 20 厘米，地上 10 厘米），沟上沿宽 30 厘米左右。此方法比全园漫灌更节约用水，灌水更均匀，且便于和椒园的开沟施肥相结合。

经济条件好的椒园，可建立现代化灌溉设施，如微灌、喷灌等。微灌系统在椒园一次安装可使用多年；喷灌设施在满足灌溉要求的同时，也可预防霜冻和高温危害。高温季节喷灌可以降温增湿，补充水分。微灌同时还可以结合施肥，实现水肥一体化，从而提高施肥效果。

除了灌溉系统，椒园也应设置排水系统，排水系统的规划要与灌水系统、道路系统的规划结合，各级水沟要相互连通，排灌兼用。

椒园灌溉包括蓄水和引水两部分。蓄水一般是修筑小水库、塘坝、水窖等。蓄水工程应比椒园位置高，以便自流灌溉。灌水系统由灌水池干渠、支渠组成。丘陵椒园干渠应设在沿等高线走向的上坡；滩地、平地干渠可设在干路的一边，支渠可设在小区道路的一侧。椒园若没有条件，可修建堰塘或水窖分布于园内，以满足灌溉的需要。还要根据地形修筑排水沟，以便将地表水顺畅排出。

25. 椒园规划设计应遵循哪些原则？考虑哪些因素？

选定椒园地之后，就要做出具体的规划设计。园地规划设计是一项综合性工作，在区划时应按照广安青花椒的生长发育特性，选择适当的栽培条件，以满足广安青花椒正常生长发育的要求。对于那些条件较差的地方，要充分研究其土壤、水肥等方面的特点，采取相应措施，改善立地条件，在设计的过程中，逐步加以解决和完善。椒园规划设计应遵循以下原则。

①根据建园要求和经营方向，综合考虑当地自然条件、物质条件、技术条件等，进行整体规划。

②因地制宜选择良种，依品种特性确定品种配置及栽植方式。优良品种应丰产、优质、抗性强。

③进出椒园容易，椒园管理方便。椒园中有关交通运输、排灌、栽植和施肥等要利于实行机械化管理，从而降低生产成本。各类设计要紧密结合，既能节约用地，又有利于机械化管理和操作。

④设计好排灌系统，达到旱能灌、涝能排。

⑤注意栽植前进行椒园土壤改良，为广安青花椒良好生长发育打下坚实基础。

⑥规划设计中应把小区、路、排、灌等协调起来，节约用地，椒园植株占地面积不少于总面积的85%。

⑦合理间作，以园养园，实现可持续发展。建园初期，应充分利用林粮、林药间作等效能，达到"以园养田""以短养长"的目的，早得收益。

规划前必须对建园地点的基本情况进行详细调查，为园地的规划设计提供依据，以防因规划设计不合理给生产造成损失。参加调查的人员应包括从事经济林栽培、植物保护、气象、土壤、水利、测绘等方面的技术人员，以及农业经济管理人员。调查内容包括以下几个方面：

①当地的社会情况。包括建园地区的人口、土地资源、经济状况、劳力状况、技术力量、机械化程度、交通能源、管理体制、市场销售、干鲜果比价、农业区划等情况，以及有无工矿企业和污染源等。

②经济林生产情况。当地果树及广安青花椒的栽培历史、主要树种、品种，经济林园总面积、总产量。历史上经济树木的兴衰及原因，各种经济林和广安青花椒的单位面积产量，经营管理水平及存在的主要病虫害等。

③综合考虑气候条件。包括年平均温度、极端最高和最低温度、生长期积温、无霜期、年降水量、日照时数等，气候的常年变化情况，应特别注意对广安青花椒危害较严重的灾害性天气的出现频率及变化，如冻害、晚霜、冰雹、涝害等。

④地形及土壤条件。考查当地地形，如海拔高度、坡度、坡

向和广安青花椒分布的相关性；土壤条件，调查土壤质地、酸碱度、土层厚度、有机质含量、氮磷钾和微量元素含量、地下水位和变化动态，以及园地前茬树种或作物等。

⑤水利条件。包括当地水资源情况、现有的排灌设施和利用状况等。

26. 椒园怎样整地和挖定植坑?

广安青花椒具有发达的侧根，主根不明显，根系垂直分布较浅，水平分布范围较广。在土层深厚、较肥沃、含水量适中的土壤上生长良好。不论是丘陵或平地栽植，均应提前进行土壤熟化和增加肥力等相关准备工作。土壤准备主要包括平整土地、水土保持工程建设等，在此基础上还要进行定点挖坑、深翻熟化、增加有机质等工作。

在平整土地、建好水土保持工程的基础上，按预定的栽植设计，测量出广安青花椒的栽植点，并按点挖栽植穴。栽植穴应于栽植前一年的秋季挖好，使心土有足够的熟化时间。栽植穴一般以深 40 厘米，直径 60 厘米为好，把表土和心土分开堆放，回填土时分层进行，逐层踩实。沙地栽植应混合适量黏土或腐熟秸秆，以改良土壤结构；在下层为砾石的土壤上栽植时，应扩大定植穴，并客土、掺沙，增施有机肥，填充表面土，改良土壤。定植穴挖好后，将表土、有机肥和化肥充分混合均匀后回填，每个定植穴施优质腐熟农家肥 5 千克（或商品有机肥 500 克）、磷肥100 克，栽植后浇水压实。

27. 如何确定广安青花椒园的株行距?

广安青花椒栽植密度应根据立地条件和管理水平不同而异,以单位面积能够获得高产、稳产,便于管理为原则。在土层较薄、质地较差、肥力较低的地方,栽植密度相对宜小;在土层深厚、质地良好、肥力较高的地方,栽植密度应大些。一般根据种植和经营管理需要选择具体的栽植株行距,梯田埂边和其他农田边,可顺地埂栽 1 行,株距以 2 ~ 3 米为宜;丰产园,株行距宜采用 2 米 ×3 米、2.5 米 ×2.5 米、2.5 米 ×3 米、2.5 米 ×3.5 米,每亩 76 ~ 111 株。

28. 怎样定植广安青花椒苗木?

苗木质量好坏直接关系到建园的成败。定植的广安青花椒苗木要求品种准确,主根及侧根完整,无病虫害。苗木长途运输时应注意保湿,避免风吹、日晒、冻害及霉烂。栽植时间可在春季,也可在秋季进行。

定植前剪掉伤根、烂根,伤根较多时,可在根上涂抹适宜浓度的消毒液,并浸泡生根剂。对于裸根栽植的苗木还可用生根粉加少量水打泥浆蘸根。

定植的具体方法是:在定植穴处挖一个坑,坑的深度以苗木的定植深度而定,做到坑大根舒。置苗于穴,用手轻提广安青花椒苗,使其根部舒展,与土壤接触良好,轻轻填土封穴,适当压实土壤,根颈略高出地面。栽好后充分灌水,最好随栽随灌。栽后及时灌水可使根系与土壤密切接触,对幼树成活至关重要。当水分全部渗透后，再在表面覆盖一层土壤，减少水分散失。栽后3~5天，可在树盘下覆盖1米见方的地膜，覆盖地膜有利于保墒，减少水分蒸发，同时有利于提高地温，防止杂草滋生。定植后要及时进行检查补植，要加强后期的管护，以确保广安青花椒的成活率。

29. 怎样提高广安青花椒的栽植成活率？

（1）选好苗，严处理

选用根系发达（具有4~5条较粗的侧根，且长20厘米以上），高0.6~1米，地径0.4~1.0厘米，整形带内有5~6个不同方向的芽眼、大且饱满的芽为优质壮苗，并修剪受伤根系；喷洒或浸沾杀虫剂/杀菌剂进行杀菌消毒，栽植前将根系在水中浸泡4小时以上，充分吸水后，沾泥浆栽植。

（2）挖大穴，施足肥

广安青花椒栽植一般挖深40厘米，直径60厘米左右的定植穴，将表土和底肥混合均匀后回填于定植穴下部，底肥以有机肥（如腐熟的猪粪、牛粪、鸡粪等）和磷肥（如过磷酸钙）为主，对土壤进行局部改良，改善土壤的肥力和透气性。

（3）适宜的栽培时期

广安青花椒的适宜栽培时期分别为：幼树萌芽前的春季3月份，宜早不宜迟，以及秋季的9月至10月，避开大风、低温天气，注意保护幼树根系，免受冻害。

（4）正确的栽植方法

栽植时将苗木放入穴内正中位置，扶正苗干，舒展根系，轻轻填土，稍封几锹松土后，轻提树苗，使根系舒展。封平小坑后，用脚踏实，围绕幼树做出 1 米左右宽的灌水畦。

（5）防治病虫害

栽植后，定期查看苗木生长状况，及时防治病虫害，适时喷药。

30. 广安青花椒苗定植当年怎样管理?

为了保证广安青花椒苗木栽植成活，促进幼树生长，应加强栽后管理。管理的内容主要包括施肥灌水、检查成活情况及苗木补植和幼树定干等。

栽植后两周应再灌一次透水，提高栽植成活率，此后如遇高温或干旱还应及时灌溉。栽植灌水后也可用地膜覆盖树盘，以减少土壤水分蒸发。在生长季，结合灌水，可追施适量化肥，前期以追施氮肥为主，后期以磷、钾肥为主，也可进行叶面喷肥。一般情况，每株幼树每年应施 20 克左右纯氮，折合尿素约为 50 克。施肥位置距树干应大于 30 厘米，以防过近产生烧苗现象。

春季萌发展叶后，应及时检查苗木成活情况，对未成活的植株及时补植。

栽植成活的幼树，如果够定干高度，要及时进行定干。定干高度依据栽培方式、土壤和环境、树形及是否间作等条件来确定。广安青花椒矮化密植栽培中，常采用自然开心形的丰产树形，一般定干高度为 40 ~ 60 厘米，选取饱满芽，在距芽上方 1 厘米左右处截干。

为了促进幼树生长发育，还应及时进行中耕除草，加强病虫防治及土壤管理。栽植当年中耕除草 3 次，中耕深度 10 厘米左右。松土时不能太深，宜浅锄。椒园杂草深度不能过高，过高会严重影响广安青花椒的光合作用，过多的草会和广安青花椒根系竞争养分，影响其生长。广安青花椒定植后应经常巡查，及时防治各种病虫害，以利于幼树的正常生长。幼树常见病虫害有蚜虫、红蜘蛛、凤蝶、锈病等。幼龄椒园可在栽植后的前3年进行间作套种，一是减少杂草危害，二是增加经济收入。间作时需注意合理选择间作物，最好选用豆类、薯类、瓜类、蔬菜，不可套种玉米等高秆或水肥需求量较大的农作物，避免与广安青花椒争光照和水肥。

31. 造成广安青花椒低产的原因是什么？怎样改造低产园？

造成广安青花椒低产的原因有：

（1）放任管理、栽培技术落后

一是栽植后不合理的整形修剪，任其自然生长，导致树冠过早郁闭，枝条过多、紊乱，造成树冠内通风、透光不良；树势衰弱快，落花、落果严重，导致单株产量低，品质也较差。二是病虫害防治措施不当，防治不及时，施药不合理，错过病虫防治的最佳时间，严重影响喷药效果，防治效果不理想。三是没有进行科学的排灌和施肥，影响广安青花椒的正常生长发育而造成减产。

（2）抵御自然灾害能力较弱，受自然灾害影响较大

近年来，极端气温出现较频繁，严重影响广安青花椒的产量。

低产园的改造途径有：

（1）合理整形修剪

修剪必须随树造型，因树而异，冬季修剪与夏季修剪相互结合，互为补充，合理修剪，逐步改善。修剪以轻为主，不宜重

剪，修剪时，疏除密生枝、重叠枝、纤弱枝、病虫枝、干枯枝，使树冠通风透光。结果过多、生长衰弱的树修剪可重些，有利于更新复壮，延长寿命。在郁闭度过高的情况下，可适当进行间伐，从而改善光照条件，调整树体结构，培养合理的结果枝组。

（2）改良土肥水条件和防治病虫害

土壤条件较差、水土流失严重的椒园，可以通过修筑梯田等工程，结合种植绿肥作物和施入有机肥，改良土壤，控制水土流失，达到蓄水保土的目的。在此基础上，结合秋季施肥，深翻土壤扩穴，整修树盘，加强水肥土管理，增厚活土层，改善广安青花椒根系的生长条件，再及时控制病虫危害，逐步达到高产优质。

（3）预防冻害

广安青花椒喜温不喜寒，要注意防冻，进行树体保护，以提高生产效益。通过加强树体管理，如树干涂白、覆盖、喷营养液或化学药剂防霜冻等方式预防冻害。

32. 广安青花椒一般多少年后进入衰老期?

一般情况下，广安青花椒在树龄20～30年后开始进入衰老期，树体长势渐渐衰退，根系、枝干逐渐老化，产量大幅下降。所以一般大于20年的椒园，可进行高接改造或利用徒长枝复壮更新，对过于衰老的椒园就要重新规划、整地、造林、建园。

五、广安青花椒园地土壤管理技术

33. 深翻改土的时期与方法?

广安青花椒根系深入土层的程度与其生长结果有密切关系。深翻结合施肥,可改善土壤结构和理化性状,促使土壤团粒结构形成。深翻可加深土壤耕作层,给根系生长创造良好条件,促使根系向纵深伸展,根类、根量均能显著增加。深翻促进根系生长,是因为深翻后土壤中的水分、肥力、透气性和热量得以改善,从而使树体健壮、新梢长、叶色浓,提高产量。

（1）深翻时期

由于广安市地处中亚热带湿润季风气候区,气候温暖,热量充足,雨量丰沛,所以深翻在全年均可进行,但应根据具体情况和要求因地制宜适时进行,并采用相应的措施,才能收到良好效果。在生产中,椒园的土壤深翻大多于秋季进行。

春季深翻在气温回暖后及早进行。此时广安青花椒的地上部尚在休眠,根系刚开始活动,深翻导致的伤根容易愈合和再生。

夏季深翻应在根系前期生长高峰过后进行。夏季多雨,雨水可使深翻的土粒与根系更好地接触,不易导致广安青花椒的根系失水,且雨后土壤松软,操作省工。但夏季深翻如果伤根过多,易引起落果。

秋季深翻一般在广安青花椒采收后与秋季施基肥一同进行。此时地上部生长较慢，而地下部正值根系秋季生长高峰，伤口容易愈合，并可长出新根。结合水肥的施入，有利于根系生长。

冬季深翻时广安青花椒处于休眠状态，根的伤口愈合很慢，新根也不能再生，要及时回土护根，若土壤墒情不好，应及时补充土壤与根系的水分，防止冻害损伤。

（2）深翻深度

深翻深度以比广安青花椒主要根系分布层稍深为度，一般要求为 40 ~ 60 厘米。

（3）深翻方式

以下几种深翻方式应根据椒园的具体情况灵活运用。一般小树根量较少，一次深翻伤根不多，对树体影响不大。成年树根系已布满全园，以采用隔行深翻为宜。深翻要结合灌水，同时注意排水。

全园深翻：坡度小于 5° 的广安青花椒园地，可采取全园深翻的方法，除树冠下土壤不进行深翻外，其余部分一次性深翻完成。这种方法一次需劳动力较多，但翻后便于平整土地，有利于椒园耕作。

环状扩穴式深翻：对于大面积平缓坡栽种的广安青花椒，可采取扩穴式深翻。从栽后第二年起，在栽植坑外沿作环状沟，一般沟宽 20 ~ 40 厘米，深度 20 ~ 40 厘米，将沟中挖出的石块挑出，并将有机肥和杂草、秸秆等进行回填，有利于透水、透气。次年按此方法再扩大一圈。

隔行深翻：即隔一行翻一行，可随机隔行深翻，分 2 次完成。每次只伤一侧根系，对广安青花椒根系生长影响较小。行间深翻便于机械化操作。

（4）深翻时应注意事项

尽量少伤直径在 1 厘米以上的根系，否则影响广安青花椒地上部的正常生长；深翻要结合增施有机肥，若只深翻而不同时施入肥料，会使广安青花椒的根系增加量受限，改土材料可因地制宜，就地取材，一般深翻沟要施入腐熟的有机肥 10 ~ 20 千克 / 米^3 或商品有机肥 1 ~ 2 千克 / 米^3；随翻随填，及时灌水，避免根系暴露太久，不利于根群恢复和生长，干旱时期要停止深翻；深翻改土时，沟应从定植穴或上次扩穴沟的外缘挖起，以确保将整片椒园的土壤全部翻耕，若有土壤未进行翻耕，则不利于广安青花椒的根系向周围延伸。

34. 怎样对椒园进行中耕松土？

椒园的中耕松土，一般是在灌水或雨后进行。特别在进入雨季之后，广安青花椒的白色吸收根往往向土壤表层生长。降雨多时，土壤中的氧气含量下降，杂草易滋生蔓延。因此，进入雨季后，更要勤锄地松土，这样既可以切断土壤毛细管，保蓄土壤水分，又可以灭除杂草，改善土壤通气状况。

中耕松土的深度，以 5 ~ 10 厘米为宜。中耕松土的次数，要根据降雨、灌水，以及杂草的生长情况确定，以杂草不影响树体为度。中耕时，也要注意适当加高树盘土壤，以防积水。

35. 椒园生草有何作用？

椒园生草是目前国内外经济林栽培中大力推广的一种现代化的土壤管理方法，也是实现椒园仿生栽培的一种有效手段。

据调查，椒园生草能够提高土壤的有机质含量，改善土壤结构，增进地力，在椒园不增施有机肥的情况下，土壤中的腐殖质也可保持在1%以上，而且土壤结构良好，尤其对质地黏重的土壤，改土作用更大。

国外许多经济林园由于生草而减少了大量施用有机肥，避免了施用有机肥的繁重劳动力支出。园内生草可降低表层、亚表层土壤的容重，增加总孔隙度和毛管孔隙度，改良土壤物理结构。生草椒园能够有效缓解土壤的极端温度；秋旱季节，园内生草可保持较高的土壤含水量，改善水分状况，从而改善土壤水热条件，促进幼龄椒园的土壤熟化。

生草有利于椒园的生态平衡，在椒园种植紫花苜蓿、三叶草等植被，形成有利于天敌而不利于害虫的生态环境，可充分发挥自然界天敌对害虫的持续控制作用，减少农药用量，是对害虫进行生物防治的一条有效途径。

椒园生草可起到保水、保土、保肥的作用，其形成致密的地面植被可固沙、固土，减少地表径流对土壤的侵蚀。同时生草可将无机肥转变为有机肥，固定在土壤中，增加土壤的蓄水能力，减少肥力和水分的流失。

椒园生草还可减缓雨涝对椒树造成的危害，生草椒园雨后地表径流小，积水较少，加上草被的大量蒸腾作用可加快雨水的蒸发，与清耕椒园相比，雨涝对生草椒园的危害较轻。椒园生草，还省去了清耕除草，大大减轻了劳动强度。

36. 椒园如何选择草种？有哪些常用草种？

椒园生草选择草种的原则为：

（1）以低秆、生长迅速、有较高草量、在短时间内地面覆盖率高的牧草为主。

不影响椒树的光照，一般高度在 50 厘米以下为宜，匍匐生长的草最好，尽量选用主根较浅的须根系草种，这样不至于造成与椒树争肥水的矛盾。禾本科植物的根系较浅，须根多，是较理想的草种。

（2）与椒树没有相同的病虫害。

（3）有较好的耐阴性和耐践踏性。

（4）繁殖简便，管理省工，适合于机械化作业。

在生产上，选择草种时，不可能完全适合于上述条件，但最主要的是选择生长量大、产草量高、覆盖率大和覆盖速度快的草种。也可选用 2 种牧草同时种植，以起到互补的作用。

椒园生草的常用草种有：

（1）白三叶草

多年生牧草。豆科植物。耐践踏性强，再生性好，有主根，但较浅。侧根旺盛，主要分布在 20 ~ 30 厘米的土层中。根上生有根瘤，固氮能力较强。喜温暖、湿润气候，耐寒、耐热，在夏季可耐 40℃高温。可在砂壤土、砂土和壤土上生长。喜酸性土壤，不耐盐碱。

（2）扁茎黄芪

多年生豆科植物。主根不深，侧根发达，主要分布在 15 ~ 30 厘米的土层中。侧根上根瘤量较大，固氮能力强，是改良贫瘠土壤最好的生草种类。对土壤适应性强，耐旱、耐瘠薄、耐阴、耐践踏。植株生长量大，一年可刈割 2 ~ 3 次。

（3）扁蓿豆

又名野苜蓿、杂花苜蓿，多年生豆科植物。主根不发达，多侧根，根上有根瘤。茎高一般为 20 ~ 55 厘米，多平卧，分支多，耐干旱、耐寒、耐瘠薄，土壤适应性强，生长旺盛，一年可刈割 2 次以上。

（4）多变小冠花

多年生豆科植物。主根发达、粗壮，侧根发达，且密生根瘤，有较强的固氮能力。根上不定芽再生能力强，根蘖较多。茎多匍匐生长，节间短，多分支，节上易生不定根。适应性强，耐旱、耐寒、耐瘠薄、耐阴、耐践踏、产草量大，生长旺盛。可用种子繁殖，也可用根蘖繁殖。

（5）草地早熟禾

多年生禾本科植物。具领根，有匍匐根茎。茎直立，一般高25 ~ 50 厘米，适应性强，喜温暖和较温暖气候。耐寒、耐旱、耐瘠薄、耐阴、耐践踏。根茎繁殖很快，分蘖量大，一般一株可分蘖出 40 ~ 60 个，最多可有 150 个。喜排水良好的黏土地。pH值 6 ~ 7 时生长最好。

37. 椒园生草如何管理?

椒园生草应当控制草的长势，适时进行刈割，以缓和春季草与广安青花椒争夺水分和养分的矛盾，同时还可以增加年内草的产量。一般一年刈割 2 ~ 4 次，灌溉条件好的可以多割一次。初次刈割要等草根扎深、营养体显著增加以后才开始。刈割要掌握好留茬的高度，一般豆科草茬要留 1 ~ 2 个分枝，留茬 15 厘米左右，禾本科草茬要留有心叶，一般留茬 10 厘米左右，如果留茬太低就会失去再生能力。带状生草的椒园刈割下的草覆盖于树盘上，全园生草的则就地撒开，也可以开沟深埋。

生草椒园早春施肥应比清耕椒园增施一半的氮肥；生草 5 ～ 7 年以后，草逐渐老化，应及时翻压，休闲 1 ～ 2 年以后重新播种。翻压以春季为宜，也可以在草上喷洒草甘膦等除草剂，使草迅速死亡腐烂，翻耕后有机物迅速分解，速效氮激增，应适当减少或停施氮肥。

38. 常见绿肥作物有哪些？怎样种植？

凡作肥料施用的植物绿色体称为绿肥。广安青花椒园可选用的绿肥植物有山鬶豆、光叶紫花苕、三叶草、羽扇豆、紫云英等。

（1）山鬶豆

为一年生豆科绿肥作物。单株结荚 60 ～ 122 个，每荚种子 3 ～ 4 粒，千粒重 62.5 克。种子粗蛋白质含量 26.9%，粗纤维含量 7.6%，粗脂肪含量 2.4%。该品种作为绿肥，间、套种植，不仅可以培肥地力，提高主作物产量，同时其鲜草还是饲养畜禽的优质饲草，籽粒出粉率 41%，高于豌豆等其他豆科植物，营养丰富。该品种平均每亩产鲜草 2 350 千克。

（2）光叶紫花苕

一年生或多年生豆科绿肥，具有耐旱、耐贫瘠的特点。在土质湿润、质地疏松、肥沃度中等的土壤更易获高产，特别适用于新开耕地的培肥，也可作为椒园冬季绿肥种植。光叶紫花苕种粒较大，土壤瘠薄的多播、土壤肥沃的可适当少播，一般每亩光叶紫花苕播种 2.5 ～ 3 千克，以 7 万 ～ 10 万株苗为宜。新开耕地或旱田旱地播种，可以整地条播，一般是每隔 65 厘米开 1 条 4 厘米宽的播种沟，或一耕一耙撒播，最后再耙一遍盖土，也可在雨后抢墒播种。光叶紫花苕怕涝，旱地水田都要开排水沟，做到水多时能排，干旱时能合理灌水。

（3）三叶草

可分为红花三叶草和白花三叶草，均为豆科植物，多年生宿根性草本。喜肥水，耐瘠薄，生长量大，每亩产量可为5 000千克以上。一年可收获3～4次。用种子播种，于早春或盛夏雨季进行。播种深度为1～1.5厘米。出苗后应加强管理，及时拔除杂草，否则影响幼苗生长。第一年不能收割，第二年后可以收割，收割后可作猪、羊、牛的饲料，也可直接压埋沤制绿肥。三叶草是猪、羊、牛的最好饲料，可发展椒园养殖，生产过腹还田肥料。三叶草第二年生长迅速，肥水条件适宜时，生长旺盛，但三年后应将全园深翻一次，重新种植。

（4）羽扇豆

一年生草本豆科植物。各种羽扇豆均可作绿肥使用。羽扇豆性喜凉爽和阳光充足，忌炎热，稍耐阴。深根性，少有根瘤。要求土层深厚、肥沃疏松、排水良好，以及酸性砂壤土质，中性及微碱性土壤植株生长不良。羽扇豆苗期30～35天，待真叶完全展开后移苗分栽。羽扇豆根系发达，移苗时保留原土，有利于缓苗。

（5）紫云英

豆科，黄耆属二年生草本植物，喜温暖、湿润的气候。紫云英是一种重要的绿肥作物，其固氮能力强，利用效率高，在植株腐解时可以大量激发土壤氮素，在农田生态系统中对维持氮循环具有重要作用。紫云英对土壤要求不严，在疏松、肥沃、湿润的壤质土上生长较好。幼苗时期根系的生长比地上部快，越冬期间，根系和地上部生长较缓慢，开春后地上部生长加速，但根系的生长仍较平稳，到现蕾期后，地上部生长速度陡然加快，在约半个月的时间内干重可增加约 1.3 倍，到初花期地上部的干物质重量就大大超过根系。

39. 幼树期，椒园如何进行地面覆盖?

地面覆盖是利用各种材料对广安青花椒树盘、株间甚至整个行间进行覆盖的管理方法。覆盖材料可以是作物秸秆、杂草、藻类等植物残体，也可以是塑料薄膜或沙砾一类的无机材料。通过地面覆盖可以改善土壤环境，有利于保持土壤水、肥、气、热的稳定，缩小昼夜与季节的地温变化，防止水土流失，以利于广安青花椒的生长与结实，提高其品质。

（1）地膜覆盖

在广安青花椒幼树栽植后，用地膜覆盖整个椒树根系的分布区，有利于加速树体的生长，为早日结果奠定基础，也可以防止因为干旱而降低其幼树的成活率。

地膜覆盖一般于早春三月上旬进行。先将树下营养带或树盘内的土块打碎、整平。若土壤干旱，则应先灌水再覆盖。覆盖材料可选择乙烯地膜，其具有柔软适度、厚薄均匀、抗老化的优点。可采用块状覆膜或带状覆膜的方法进行覆盖。块状覆膜即把地膜截成 1 平方米的方块，从广安青花椒苗干顶部套下，平铺于地面，四周用细土压实。带状覆膜是利用约 1 米宽的两条带状薄膜，分别铺于树的两边，紧贴地面，中间重叠 10 ~ 20 厘米，用细土压实重叠处及四周边缘，可以起到较好的改善土壤理化性质并抑制杂草生长的作用。塑料薄膜应当两边高中间低，并每隔20 ~ 30 厘米扎一个洞，便于雨水的下渗。

（2）生物材料覆盖

如果使用植物残体一类的有机材料对广安青花椒幼树进行覆盖，其厚度在 10 厘米以上时，覆盖效果较好。

40. 如何选择椒园林下间种？有哪些间作物？

选择合适的农作物与广安青花椒进行间作套种，不仅可以充分利用地力、获得早期收益，而且还可以疏松土壤、提高椒园土壤肥力、抑制杂草生长、破坏病虫害的活动场所、促进椒树的生长发育，达到粮、椒双丰收的目的。

在间作时，要正确选择间作的物种。广安青花椒树喜光、根系浅、主干低，故不能与玉米、高粱等高秆作物间种；也不能与广安青花椒争水肥的物种间作，以免影响树体的生长发育。此外，间作物还应能提升土壤肥力，与广安青花椒没有共同病虫害，且具有较高的经济价值。在间作时，应当以广安青花椒的生长为主体，要给树体留至少 1 米宽的营养带，带内不种任何作物。具体留带的宽窄以树的大小而定，树小带窄，树大带宽。

广安青花椒的间作物通常以豆类、薯类、麦类、瓜类及蔬菜为宜（彩图 7 ~ 彩图 15）。

适于间作的豆类有花生、绿豆、大豆、红豆等。豆类作物一般植株较矮，并且豆科植物的固氮作用可提高土壤肥力，与椒树争肥的矛盾较小。其中花生植株矮小，肥水需要量较少。

薯类主要为甘薯和马铃薯。由于甘薯适应性强、产量高，是椒园中常用的间作物。甘薯初期肥水需要量较少，对广安青花椒树体影响小；后期薯块形成期肥水需要量多，对生长过旺的椒树，种甘薯可使其提早停止生长；对大量结果的椒树，容易影响其后期的生长。马铃薯的根系较浅，生长期短，且播种期早，与椒树争光照的矛盾较小，只要注意增肥灌水，就可使二者均获丰收，因此是水肥条件较好的椒园常用的间作物。

麦类用作椒园间作的有小麦、大麦等。这类作物植株不高，主要在春季生长，须根密集，能增加土壤团粒结构，并且经济价值高。但麦类作物生长需要养分较多，易与广安青花椒树争夺水肥，因此在间作时，需要增加施肥灌溉次数，这样可以降低对椒树的不利影响。

瓜类种植需要施用较多的肥料，但其生长期短，在产生经济收益的同时，不会对广安青花椒树体的生长产生过多影响。

椒树与蔬菜间作时，由于蔬菜需要精细耕作，会使得椒园肥水较充足，对广安青花椒树体的生长较为有利。但若在秋季种植需肥水较多或成熟期晚的蔬菜，会导致广安青花椒树生长期延长，对椒树越冬不利。一些蔬菜易生蚜虫，在选择间作物时要尽量避免。

41. 广安青花椒生产中为什么强调施肥管理?

广安青花椒在萌芽、抽梢、开花、结果等生长发育过程中，都要不断地吸收水分和大量的营养物质。目前大多数椒园的有机质含量达不到高产园标准，氮、磷、钾等元素的含量也有不同程度的欠缺，并且由于周围的土壤营养被树体经过长年累月的吸收，土壤的肥力下降。尤其是在高密度种植的广安青花椒园中，若不及时施肥，容易使树体营养不足，不利于广安青花椒的高产、稳产，甚至导致缺素症的发生。

给广安青花椒施肥，可以为其提供多种必需的营养元素，并保持和提高土壤肥力。在栽培管理中，主要施用以氮、磷、钾与有机肥为主的肥料。氮肥有助于增加树体营养，促进广安青花椒枝叶的生长，使枝条健壮、叶片厚而大，提高叶片光合效能，增加有机营养积累，促进花芽形成，达到稳花稳果、增加产量的作用。磷肥能提高根系的吸收能力，有利于新根发育和新梢生长，增强广安青花椒的抗寒、抗旱能力，还可以促进花芽分化，提高结果率，促进果实发育、籽粒饱满，增加广安青花椒的含油量，改善品质。钾肥能增强其抗逆性，使广安青花椒生长健壮，植物细胞壁增厚，枝条粗壮，促进光合作用，不仅提高广安青花椒的产量，还能增加籽粒中蛋白质的含量，改善品质，增强抗性。适量施入有机肥同样可以提高广安青花椒的产量。

但是在广安青花椒园内施肥时，也不可过量，施肥过多会导致树体营养生长过剩，反而降低其产量，并且会对土壤的理化性质造成破坏，还增加生产成本。因此，在广安青花椒施肥过程中，应做到因地制宜、因树制宜、因时制宜，遵守平衡施肥、配方施肥、看树施肥的原则，既可以降低生产成本，又能获取最大的经济效益。

42. 椒园怎样施肥？什么时期施肥？

在广安青花椒园的管理中，施肥主要有基肥与追肥两种方式。

（1）基肥

基肥为广安青花椒提供整个生长过程中所需要的养分，同时也兼有改良土壤、培养地力的作用。作基肥施用的大多是迟效性的肥料，主要包括作物秸秆、堆肥、绿肥等有效性有机肥，同时为进一步提高肥料利用效率，还可以向其中加入适量的微生物菌剂及速效氮肥。

最佳的基肥施用时间是在广安青花椒果实采摘以后，一般在秋季9～10月进行，这一时期是广安青花椒有机营养的积累时期，根系生长仍未停止，土壤墒情和地温均适宜土壤微生物活动，施入大量的有机肥料，经过腐熟、分解、矿化，释放出各种营养元素，被其根系吸收后，贮藏于树体枝干及根系中，从而提高树体的营养水平，为翌年的萌芽、开花、结果提供营养。秋施基肥正值根系第二次、第三次生长高峰，伤根容易愈合，并可发新根。

（2）追肥

从广安青花椒树体萌动到果实采收，需要消耗大量的养分，除施入基肥外，还应适时进行追肥，以保证连年丰产、优产、稳产，一般施入见效快、易被树体吸收的无机肥。追肥次数不宜过多，可以根据广安青花椒不同时期的生长情况与需肥特点进行合理追肥。为增强树势，提高坐果率，应侧重秋季及当年春季追肥；为促进营养生长，可以偏重花后追肥；为促进花芽形成，则应以花芽分化期的追肥为重点。弱树宜早施，以当年春季追肥为主；旺树为保证形成足量的花芽，宜在新梢即将停止生长、花芽分化前追肥。广安青花椒处于幼树期时，可以在施肥量足够的前提下，适当减少追肥的次数，若土壤营养充足，可提供树体正常生长发育所需养分，也可以不进行追肥。

追肥一般每年进行2～3次，第一次在广安青花椒开花前或展叶初期（3月）进行，以速效氮肥为主，主要作用是促进开花坐果和新梢生长，追肥量应占全年追肥量的20%左右；第二次在广安青花椒开花后到幼果发育期（4月），追施氮、磷、钾均衡的复合肥料，此期追肥主要作用是促进果实发育，减少落果，追肥量占全年追肥量的30%左右；第三次在广安青花椒采收前（6月），以氮、磷、钾均衡的复合肥为主，主要作用是供给果实发育所需的养分，此期追肥量占全年追肥量的50%左右。

43. 椒园常用肥料有哪些种类？

肥料可分为有机肥料、无机肥料与生物肥料3类。

（1）有机肥料

有机肥料也称农家肥料，指肥料中含有较多有机物。它是一种迟效性肥料，在土壤中会逐渐被微生物分解，具有养分释放缓慢、肥效期长的特点。当有机质转变为腐殖质后，具有改善土壤的理化性质、提高土壤肥力的作用，其养分比较齐全，是一种完全性肥料。有机肥料种类多、来源广、数量大，有厩肥、粪肥、饼肥、堆肥、绿肥等，以人粪尿、堆沤肥、绿肥使用最多。

（2）无机肥料

无机肥料又称化学肥料，成分单纯，通常某种或几种特定矿物质元素含量高。大部分无机肥料可以溶解在水里，肥效显著，易被广安青花椒树体直接吸收，一般结合灌水追肥施用，但施用不当，可使土壤变酸变碱，破坏土壤结构使土壤板结。在化肥中按所含养分种类又分为氮肥、磷肥、钾肥、钙镁硫肥、复合肥料、微量元素肥料等。椒园常用的氮肥有尿素、碳酸氢铵、硝酸铵、磷酸二氢铵等；常用的磷肥有过磷酸钙、重过磷酸钙、钙镁磷肥；常用的钾肥有硫酸钾、窑灰钾肥；复合肥料中含有氮、磷、钾3种元素中的2种及以上；微量元素肥料有硫酸锌、硫酸镁、硫酸铁、硼砂、硫酸锰等。

（3）生物肥料

生物肥料指一类含有大量活性微生物的特殊肥料。生物肥料施入土壤后，大量活的微生物在适宜条件下能够积极活动，有的可在广安青花椒树的根系周围大量繁殖，发挥自生固氮或联合固氮作用；有的还可以分解钾、磷供给广安青花椒树体吸收或通过分泌生长激素来刺激椒树生长。所以，生物肥料并不直接供给椒树需要的营养物质，而是通过大量活的微生物在土壤中产生的积极效应，来促进椒树的生长发育。生物肥料的种类很多，生产上应用的主要有根瘤菌类肥料、固氮菌类肥料、解磷解钾菌类肥料、抗生素类肥料和真菌类肥料等。但是目前生产中，生物肥料的应用并没有有机肥料和无机肥料使用广泛。

44. 怎样确定广安青花椒的施肥量?

确定施肥量的主要依据是土壤的肥力水平、广安青花椒的生长状况以及不同时期其对养分的需求变化等。一般幼树、结果少的树体，施肥量小于成年树、丰产树；肥沃的土壤施肥量也会比贫瘠的土壤施肥量少。幼树需氮肥较多，对磷、钾肥的需求量较少；进入结果期后，对磷、钾肥的需求增加，所以幼树以施氮肥为主，成年树在施氮肥的同时注意增施磷肥和钾肥。由于广安青花椒施肥量的影响因素较多，所以要准确确定施肥量，就需要对其树体进行营养诊断，并结合每年的营养吸收情况来确定。

根据生产中的经验，具体施肥量可参照表2。

表 2 　广安青花椒每年每株建议施肥量

| 时期 | 树龄 / 年 | 化学肥料 / 千克 | | | | 商品有机肥料 / 千克 |
		尿素	过磷酸钙	硫酸钾	或氮磷钾复合肥	
幼树期	1 ~ 2	0.25 ~ 0.5	0.25 ~ 0.5	0.25	0.5 ~ 0.75	0.5 ~ 0.75
结果初期	3 ~ 4	0.5 ~ 0.75	0.5 ~ 0.75	0.25 ~ 0.5	0.75 ~ 2	0.75 ~ 1
盛产期	5 ~ 15	0.75 ~ 1	0.75 ~ 1	0.5 ~ 0.75	1 ~ 1.5	1 ~ 1.5

一年中，广安青花椒的基肥施用次数为 1 次，建议使用商品有机肥料（为干有机肥料），在有机肥源充足的地区，也可以使用充分腐熟的农家肥（为湿有机肥料），建议施肥量为商品有机肥料的 5 ~ 10 倍；追肥施用次数为 3 次，建议分别在开花前、开花后和采收前进行，每次追肥量分别为一年内总化学肥料施用量的 20%、20% 和 50%，余下化学肥料的 10% 施用量与有机肥一起于秋季作基肥施用。在雨水充沛的地区或年份，具备水肥一体化或滴灌系统的椒园，可将磷肥和钾肥与有机肥一起于秋冬季作基肥施用，氮肥则根据广安青花椒的生长需要，适时在雨前撒施，或溶于水后通过水肥一体化或滴灌系统进行适时施用。

45. 施肥方法有哪些？

施肥的方法会影响肥料的利用效果，若施肥方法不当，会造成肥料的流失或降低利用率，施肥效果差。对于广安青花椒，可以对土壤进行施肥，也可以进行根外追肥，除根外追肥外，其余施肥后应立即灌水，以增加肥效。

（1）放射状施肥

放射状施肥又称为辐射状施肥，此方法适用于成年椒园。以树干为中心，距树干 1.0 ~ 1.5 米处，沿水平根方向，向外挖 4 ~ 8 条放射状施肥沟。沟的深度在树干位置较浅，而后向外逐渐加深，具体视根系的深浅而定，要尽量少伤根，一般沟宽 30 ~ 50 厘米，沟深 20 ~ 40 厘米，长度视树冠大小而定，一般要超过树冠外缘，不同年份的施肥沟位置要错开。

（2）环状施肥

此方法适用于幼龄椒园。通常沿着树冠外缘挖一条深 20 ~ 30 厘米，宽 20 ~ 40 厘米的环状施肥沟，挖沟时先将表层熟土与下层生土分别置于一旁。可先在沟底填入一层有机肥料，然后将表土与肥料混合施入沟底，最后用生土回填。基肥可以埋深一些。

（3）穴状施肥

此法多用于追肥。具体做法是以树干为中心，从树冠半径的 1/2 处开始，挖若干个分布均匀的小穴，穴的深度视根系的分布情况而定，将肥料直接施入穴中，之后要灌水并覆盖埋好。也可在树冠边缘至树冠半径 1/2 处的施肥圈内，在各个方位挖若干个不规则的施肥小穴，施入肥料后埋土。

（4）条状施肥

此法多用于宽行密植的椒园。在树冠投影外缘相对两侧开沟，宽 40 ~ 50 厘米、深 30 ~ 40 厘米，长度视树冠大小而定，熟土与有机肥拌匀后回填沟中，生土留在地表进行风化。第二年挖沟的位置应换到另外两侧。

以上施肥方式，详见图 7 的示意图。

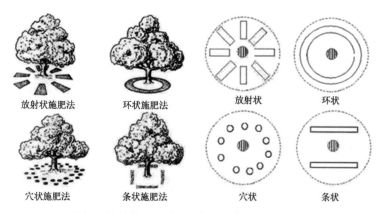

图 7　放射状、环状、穴状及条状施肥示意图

（5）全园撒施

在生草的椒园可进行全园撒施。先将肥料均匀地撒在全园，然后结合翻耕，将草与肥料埋于地下，立即灌水，以增加肥效。此方法对肥料的消耗量会较大。

（6）根外追肥

当树体出现缺素症时，或为了补充某些容易被土壤固定的元素，根外追肥可收到良好的效果，当对缺水少肥地区尤为实用。该方法是把含有养分的溶液喷到树体的地上部（主要是叶片与主干），养分吸收快、吸收效率高，通常 2 个小时以内便可以被吸收利用，并且易于控制浓度，减少污染。

根据广安青花椒生长发育的需要，可以在开花期、新梢速长期、果实膨大期和花芽分化期喷施，全年根据需要喷 2 ~ 4 次。时间宜选在下午 4 点以后或上午 10 点以前，这时气温适宜广安青花椒树体吸收；阴雨或大风天气不宜喷肥；中午喷施，会因气温高，水分蒸发快，导致溶液很快浓缩，不利于椒树吸收。

叶面追肥的参考种类和浓度为：尿素 0.3% ~ 0.5%，过磷酸钙 0.5% ~ 1%，硫酸钾 0.2% ~ 0.3%，硼酸 0.1% ~ 0.2%，硫酸铜 0.3% ~ 0.5%。

注意叶面喷肥不能代替土壤施肥，两者结合才能取得良好效果。

46. 氮缺乏或过剩有什么症状？如何避免？

（1）氮缺乏

氮在植物生命活动中占有重要地位，是现代农业作物生产中使用最多的营养元素。氮参与蛋白质、核酸等重要生理活性物质的合成，被称为生命元素。当氮元素缺乏时，会对广安青花椒树体内的多种生理生化活动产生影响，使蛋白质等化合物合成减少，相关酶活性降低，影响椒树的生长，导致树体生长不良，影响果实的形成和发育。缺氮还会抑制广安青花椒叶片内叶绿素的合成，使得叶片较小且叶色较浅，叶片失绿黄化，从而导致光合效率降低，光合产物减少，且椒树响应氮胁迫的反应会加速椒树的衰老。

广安青花椒喜肥，一般导致树体发生缺素症的主要原因是土壤的含氮量过低，若上一年栽培管理不当，导致树体内储存养分不足也同样会导致早期缺氮症状的出现，另外若是在广安青花椒需肥的关键时期施肥不及时，同样可能导致氮肥供应不足。

解决措施：在平常的施肥管理中，增施有机肥以提高土壤肥力，并合理施加氮肥，加强水分管理。如果氮缺乏症状已发生或较为严重，可以通过根外追肥快速补充。

（2）氮过剩

若是施用氮肥过多，会导致广安青花椒新梢生长旺盛甚至徒长，叶片较大而薄，且不易脱落，新梢停止生长的时间延迟；营养生长旺盛导致不能充分进行花芽分化；枝条不充实，幼树在冬天易受冻害；结果树落花、落果严重，果实品质降低。

一般氮元素过剩是由于施氮肥过多而磷肥、钾肥施入过少，导致树体养分不平衡，或施入时间过晚导致树体不能在冬天到来之前及时进入休眠。

解决措施：在日常施肥管理中控制氮肥用量，适当增施磷肥、钾肥，以保证植株体内氮、磷、钾等养分的平衡。同时要注意氮肥的施用时间，不可过晚，让树体可以在天冷时及时进入休眠。

47. 磷缺乏或过剩有什么症状？如何避免？

（1）磷缺乏

磷是植物生长发育过程中不可或缺的第二大元素，它不仅是核酸和生物膜的重要组分，而且参与植物必须的多种生命活动。合理的磷肥施用可提高广安青花椒产量，促进其开花结果，改善品质。当磷元素缺乏时会严重影响椒树的生长发育，导致新生叶片较小，且呈暗绿或灰绿色而无光泽，新梢生长减慢；叶柄及叶背的叶脉由于花青苷积累呈紫红色。当广安青花椒严重缺磷时，叶缘出现不规则坏死斑，叶片早期脱落，花芽分化不良，萌芽期延期，萌芽率降低，易落花，果实发育不良，果实成熟期推迟，产量低。

出现缺磷症状除土壤缺乏磷元素以外，还可能是由于土壤过酸或过碱，磷元素与铁、铝、钙结合生成难溶性化合物，使磷的有效性降低；植株根系发育不良，也会影响磷元素的正常吸收。

解决措施：若是因土壤磷元素不足导致的缺磷症状，施加合适的磷肥即可调整；若是由于土壤理化性质不适宜，可以将磷肥和有机肥一起作底肥施用，改良土壤，在酸性土壤上可配施石灰，调节土壤 pH 值，减少土壤对磷的固定。同时选择合适的肥料，酸性土壤宜选择钙镁磷肥，中性或石灰性土壤宜选用过磷酸钙。

（2）磷过剩

过多的磷元素会增强广安青花椒的呼吸作用，使干物质的消耗量增大，从而使茎、叶的生长受到抑制；磷元素过多会影响氮、钾的吸收，使其叶片黄化；水溶性磷酸盐可与土壤中锌、铁、镁等元素生成溶解度较小的化合物，从而降低其有效性，使椒树表现出缺锌、缺铁、缺镁等症状。

解决措施：磷过剩发生的原因主要是频繁施用磷肥或一次施磷过多。所以在生产中应做到平衡施肥，控制磷肥用量，并增施氮肥和钾肥，以消除磷元素过多造成的危害。

48. 钾缺乏或过剩有什么症状？如何避免？

（1）钾缺乏

钾在植物体内的流动性很强，所以通常老叶先出现缺钾症状。一般植株缺钾初期，表现为老叶叶尖及叶缘发黄，随着缺钾程度的增加，黄化部位逐步向叶片中部伸展，同时叶缘变褐、焦枯，似灼烧，叶片上出现褐斑，严重缺钾时，幼叶也会表现出上述症状。尤其是供氮丰富时，健康部分绿色深浓，病变部分赤褐焦枯，反差明显。钾还能增强植物抗旱、抗寒、抗盐碱、抗病虫害等能力，缺钾时植物的抗性会下降，易受病虫危害且不易越冬。

导致植株缺钾的首要原因是土壤中钾元素的缺乏，常年单一种植或土质较差使钾元素随水土流失，导致土壤有效钾不足；大量偏施氮肥而有机肥和钾肥施用少；土壤中施入过量的钙和镁等元素，因拮抗作用而诱发缺钾、根系活力低；排水不良，对钾元素的吸收受阻，都可能会诱发钾元素缺乏症。

解决措施：可以通过增施有机肥，并且适当增加钾肥的使用、控制氮肥用量，来保持养分平衡，减少缺钾症状的发生；土壤过湿则需要排水防涝，否则会影响根系发育，减少根系对钾的吸收。

（2）钾过剩

土壤中钾含量过高，会引起其他元素缺乏症，如缺镁、钙、锰和锌等，对植株果实品质影响较大，并且钾肥使用过多还会对土壤造成损害。

解决措施：钾过剩一般为施钾过量所致，减少钾肥的施用，并合理增施氮肥、磷肥，做到营养均衡。

49. 怎样进行广安青花椒配方施肥？

在广安青花椒施用肥料过程中，常存在肥料搭配不合理、有机肥施用量少、忽视与微量元素肥料的配合等问题，导致其产量与品质下降。根据广安青花椒的需肥特点进行针对性的配方施肥，有助于提高果实品质和肥料利用率，还有利于培肥地力、保护生态。

配方施肥要根据树体营养状况与椒园土壤养分含量综合决

定，对广安青花椒树体进行叶片营养诊断，同时对土壤中的养分进行测定，根据树体所需与土壤所提供的养分量，来确定合理的施肥种类与施肥量。

（1）采集样品（叶片和土样）

一般在广安青花椒花期至幼果期进行采集，采集的样品树以及采集的土壤要有代表性，通常采用传统的"S"形采样。采样点的数量根据椒园的面积来决定，一般采集叶片的椒树数量不少于30株。采集叶片时，从树体东、西、南、北4个方向各取当年生枝条上的成熟树叶5～10片，混合均匀并清洗干净后烘干，进行各种营养元素的分析。采集土样时，由于广安青花椒根系较浅，采样深度一般在20～40厘米，去掉表土覆盖物，按标准深度挖成剖面，按土层均匀取土。然后，将采得的各点土样混匀，用四分法逐项减少样品数量，最后留1千克左右即可。

（2）测定样品

对采集的土样与叶片进行各种矿质元素的测定，根据测定结果，可以得出椒树体内缺乏的元素，确定所需肥料的种类，结合土壤中对应元素的含量，可以得出缺乏元素的施肥量。土壤测定指标中的有机质和pH值可作为参考项目，来确定所施用肥料的种类。

（3）确定配方

根据土样检测结果，结合当地施肥状况与相关专家经验来确定最佳的肥料配比。当前确定广安青花椒测土配方的方法主要有地力分级法、目标产量法和肥料效应函数法。一般施肥量的计算可按照以下公式进行：

施肥量 =（目标产量所需营养元素含量 – 土壤营养元素含量）/ 肥料有效性

（4）配方肥料的施用

配方肥料大多是作为底肥一次性施用，要掌握好施肥深度，控制好肥料与椒树根系的距离，尽可能满足广安青花椒生长发育中、后期对肥料的需要。若将配方肥料用于追肥，则要根据广安青花椒树体的发育状况而定。

（5）配方修订

使用配方肥料之后，要观察广安青花椒的生长发育情况和产量，若达到目标产量或对应元素缺乏症状消失，则配方合理；反之则配方不合理，可以根据生产实际对配方进行适当调整。

50. 广安青花椒叶片发黄如何判别是缺肥还是有病虫害？

虽然缺肥与病虫害都会导致广安青花椒叶片发黄，但是缺乏元素与病虫害导致的叶片发黄有一定的区别。

如果是由虫害导致的叶片发黄最好辨别，只需观察叶片上有无害虫分布，确定害虫的种类后即可对症下药，使用杀虫剂进行喷施。有的害虫仅吸食汁液，但也有部分害虫会直接啃食叶片。常见的会使叶片发黄的害虫有介壳虫、半跗线螨等。

如果叶片上的黄色病变部位出现并无规律，或者受害叶片上有明显菌类病变，一般是感染了细菌或真菌所致。

如果叶片上出现了红、黄、褐、白等不同颜色的病斑，这些症状一般都是由真菌性病害造成的；在广安青花椒发生黄叶问题后，如果叶片上伴随出现了水浸状的病斑，或者病叶腐烂、叶脉变褐，出现溃疡，在比较潮湿的情况下有菌液流出，叶片变成透明薄膜状，一般都是由细菌性病害造成的。

如果是由病毒病诱发的黄叶，受害叶片一般会伴有皱缩、畸形、变色、粗糙凹凸不平等症状，而且病毒病最早且最容易发病的部位是在广安青花椒上部或顶部的新嫩幼叶。

不同元素缺乏导致的黄叶，其发黄部位、症状等各有差异，每种特定元素缺乏造成的症状表现是固定的。

生长期因缺少氮肥所造成的黄叶，表现为叶面无病斑、无坏死点，但叶片均匀失绿变黄、叶片变薄变小，同时新叶颜色变得淡绿，下部的老叶则会变得发黄或黄枯。

因缺少钾肥所造成的黄叶，表现为叶片上有退绿变褐的斑点，叶片的四周边缘和叶尖会退绿变黄或变褐萎枯，不过缺钾造成的黄叶不会造成叶片的叶脉变黄。

缺少镁肥所造成的黄叶是由于叶片中的叶绿素含量大幅减少，导致叶面上的叶肉退绿变黄，但在缺镁前期叶脉会保持绿色不变，当缺镁严重或缺镁后期叶片的叶脉才会退绿变黄。

缺少硼肥所造成的黄叶，最突出的特征就是叶片变厚、变脆以及叶面变得粗糙或皱缩，除此之外，缺硼还会出现顶部茎尖生长受抑、只开花不结果、根系生长受抑等问题。

缺少钙肥所造成的黄叶，一般最先发生在根尖、新嫩幼芽上，导致根尖、顶芽、侧芽等腐烂枯死，与此同时，缺钙还会发生植株矮小、幼叶卷曲、叶边变黄或幼叶枯死等问题。

51. 水分对广安青花椒生长结果有哪些影响？

广安青花椒树体枝、叶、根中的水分占树体水分总量的 50% 左右。叶片进行光合作用以及光合产物运送和积累；维持细胞膨胀压，调节气孔开闭；蒸腾散失水分，调节树体温度；矿质元素进入树体等一切生命活动都必须在有水的条件下进行。水分丰缺状况是影响树体生长发育进程、制约产量及质量的重要因素。

广安青花椒年周期中，萌芽期和果实发育期需要较多的水分，供水不足会引起大量落果，影响产量和品质。缺水，则萌芽晚或发芽不整齐，开花坐果率低，新梢生长受阻，叶片小，新梢短，树势弱。年降水量600毫米以上，可基本满足广安青花椒对水的需要。当季节降水很不均匀，有春旱发生时，必须设法灌溉。水多对花芽分化不利；果实发育期间要求供水均匀，临近成熟期水分忽多忽少，会导致品质下降、采前落果；生长后期枝条充实、果实体积增大，也需要适宜的水分，干旱影响营养物质转化和积累，降低越冬能力。

52. 广安青花椒园常用的灌水方法有哪些？怎样合理灌溉？

根据输水方式，经济林园灌溉可分为地面灌溉、地下灌溉、喷灌和滴灌，广安青花椒园常用的灌溉方式是地表漫灌、喷灌、定位灌溉等。

（1）地表灌溉

最常用的方法是漫灌，在椒树行两侧分别打土垄或挖沟，之后将水沿垄或沟灌入。地表灌溉投资较少，但是需要的灌水量大，可在水源充足、靠近河流、水库、坝塘的地方应用。其灌水过程中的蒸发量也大，且灌溉后土壤的湿润程度不匀，常常造成入水口的水分下渗过多，会加剧土壤水气的矛盾，破坏土壤结构。

为了减少灌溉用水，可进行细流沟灌。具体做法是在椒树行间树冠下开1~2条深度在20~25厘米的沟，沟与水渠相连，将水引入沟内进行灌溉，灌后及时覆土保墒。沟灌时，沟底和沟两侧的土壤依靠重力渗透湿润土壤，并且还可以经过毛细管的作用湿润远离沟的土壤。细流沟灌时水流缓慢，水流时间相对较长，土壤的结构较少受到破坏，且地表的水分蒸发损失也较少。

（2）喷灌

喷灌是利用机械和动力设备将灌溉水喷射到空中，形成细小水滴落回椒园中，可以模拟自然降雨状态进行椒园灌水。整个喷灌系统包括水源、进水管、水泵站、输水管道、竖管和喷头几部分。应用时可根据土壤质地、湿润程度、风力大小等调节压力，选用喷头及确定喷灌强度，以便达到无渗漏、无径流损失，又不破坏土壤结构，同时能均匀湿润土壤的目的。

喷灌具有以下优点：①避免了漫灌的地表径流和土壤深层渗漏对土壤结构的破坏，并且与漫灌相比，用水量是地面灌溉的1/4，大大减少了用水量，节约用水，也保护了土壤结构；②调节椒园小气候，清洁叶面，霜冻时还可减轻冻害，炎夏喷灌可降低叶温、气温和土温，防止高温、日灼伤害；③不受地形影响，水在椒园内分布均匀，容易实现灌溉自动化，并能防止因漫灌，尤其是全园漫灌造成的病害传播。

喷灌有两种，分为树冠上喷灌和树冠下喷灌。树冠上喷灌是指喷头设在树冠之上，采用固定式的灌溉系统，包括竖管在内的所有灌溉设施在建园时一次性建设好。其喷水面积大，但需要的机械动力也大。树冠下喷灌一般采用半固定式的灌溉系统，喷头设立在树冠之下，喷头的射程相对较近但移动性好，灌水效果好，节约灌水量。

（3）定位灌溉

定位灌溉是对部分土壤进行灌水的一项技术措施。定位灌溉系统通常由 4 个部分组成：水源、过滤系统、自动化控制机器、灌溉管道。

定位灌溉分为滴灌和微量喷灌。滴灌是通过在椒园内建立的管道系统，把水直接输送到每一株树的树冠下，对树体实现精准的水分补充，它是一种用水经济、省工省力的灌溉方法；微量喷灌是用微喷头将水雾化喷洒在树冠下。定位灌溉只对椒树的土壤灌水，能满足椒树生长结果过程中对水分的需求，对水资源的浪费最少。同时，可将水溶性肥料加入水中，实现水肥一体化管理，节约肥料和人工，自动化程度高。但是进行定位灌溉的投资大，滴灌喷头易被水中杂质或未完全溶解的肥料堵塞，需经常检修。

53. 椒园有哪些重要的灌溉时期？怎样确定灌溉时期？

椒园的灌溉时期，要根据土壤含水量以及广安青花椒各时期对水分的需求特征来决定。广安青花椒在一年中的萌芽期、坐果期、果实膨大期和采收后需要及时进行灌溉。除此之外，还要参考土壤实际含水量来确定灌溉期。一般生长期要求土壤含水量低于 60% 时灌溉；当超过 80% 时，则需及时中耕散湿或开沟排水。具体实施灌溉时，要分析当时、当地降水状况，以及广安青花椒生育时期和生长发育状况，并结合施肥进行。

（1）萌芽水

广安青花椒越冬期间的水分损耗大，所以越冬后的浇水非常重要，其可以促进广安青花椒树的萌芽和开花。浇水时间为发芽后的 3 月中旬，此时期由于土温较低，浇水量不宜过大，次数也不宜过多。

（2）花后水

又叫坐果水，一般在谢花后2周浇1次水。这时正值广安青花椒幼果迅速膨大期，应及时浇水，满足果实膨大对水分的需要，浇水量应适中。

（3）壮果水

在广安青花椒果实膨大中后期，天气较为炎热，如遇干旱需灌水1次，以保持土壤水分。灌水需在早上或晚上进行，不宜在中午或下午灌水，否则会因突然降温导致其根系吸水功能下降，不利于广安青花椒对水分的吸收。

此外，在广安青花椒采收后结合施肥及时灌水，可以增强其抗旱能力，有利于安全越冬，并促进树体对养分的吸收，有助于其次年的生长发育。

椒园在1年中的灌水时间和次数并不固定，主要根据土壤水分状况灵活掌握，同时要和施肥、土壤管理密切配合。另外，灌溉不方便的椒园要因地制宜，可以通过人工收集雨水，树盘覆盖地膜、覆草等方法保墒。

54. 怎样确定灌水量?

合理的灌水量，既要根据树体本身的需要，也要看土壤的湿度状况，同时考虑土壤的保水能力及需要湿润的土层深度。生产中可根据对土壤含水量的测定结果，或手测、目测的验墒经验，判断是否需要灌水。

每次灌水以湿润主要根系分布层的土壤为宜，灌水量不宜过大或过小，既不造成渗漏浪费，又能使主要根系分布范围内有适宜的含水量和必要的空气。具体计算一次的灌水用量时，要根据气候、土壤类型、树龄及灌溉方式来确定。

灌水量（吨）＝灌溉面积（平方米）× 土壤浸湿深度（米）× 土壤容重 ×（田间持水量－灌溉前土壤湿度）。

55. 怎样进行蓄水保墒灌溉？

土壤含水量适宜且稳定，可促进各种矿质元素均匀转化和吸收，提高肥效。地膜覆盖保墒、穴贮肥水、土壤保水剂等，是保持土壤含水量、充分利用水源、提高肥效的有效措施。

椒园覆盖地膜后，可大大减少地面水分蒸发，使土壤形成长期稳定的水分环境，有利于微生物活动和肥料分解利用，起到以水济肥的作用。春夏之交地温提高后，对地面覆草，可防止土壤水分蒸发。覆草以麦草、稻草、绿肥等为宜。覆草增产的机理在于覆盖后，土壤温度变化小，有利于根系生长，提高蒸腾效率，减少覆盖区内物种的无效损耗，不论在丰水年还是少水年都有明显的保墒作用。

穴贮肥水是在树盘根系集中分布区挖深 40 ~ 50 厘米、直径 40 厘米的穴，将优质有机肥约 50 千克与穴土拌匀后填入穴中，也可填入一个浸过尿液的草把，浇水后盖上地膜，地膜中心戳一个小洞，用石板盖住，追肥灌水时可于洞口灌入肥水（30 千克左右），水渗入穴中再封严。施肥穴每隔 1 ~ 2 年改动一次位置。

土壤保水剂在土壤中能将雨水或浇灌水迅速吸收并保住，不渗失，进而保证根际范围内水分充足、缓慢地释放供植物利用。

56. 怎样防涝排水?

椒园排水系统由椒园小区内的排水沟、小区边缘的排水支沟和排水干沟组成。

排水沟挖在椒园行间,把地里的水排到排水支沟中去。排水沟的大小、坡降以及沟与沟之间的距离,要根据地下水位的高低、雨季降水量多少而定。

排水支沟位于椒园小区的边缘,主要作用是把排水沟中的水排到排水干沟中去。排水支沟要比排水沟略深,宽度可根据椒园小区面积而定,面积大的可适当宽些,面积小的可以窄些。

排水干沟挖在椒园边缘,与排水支沟、自然河沟连通,其作用是把水排出椒园,排水干沟要比排水支沟宽、深。

如果椒园有涝洼地,可在涝洼地上方开一条截水沟,将水排出椒园,也可以在涝洼地用石砌一条排水暗沟,使水由地下排出椒园。对于因树盘低洼而积涝的椒园,则要结合土壤管理,在整地时添加土壤加高树盘,使之稍高出地面,以解除树盘的低洼积涝。

六、广安青花椒整形修剪技术

57. 广安青花椒树体由几部分组成?

广安青花椒树体由主干、主枝、侧枝、结果枝、辅养枝等部分构成（图8）。

（1）主干

主干指从地面到构成树冠的第一大主枝基部的一段树干。主干负载整个树冠的重量，起着沟通地上与地下营养物质并进行交换的作用。

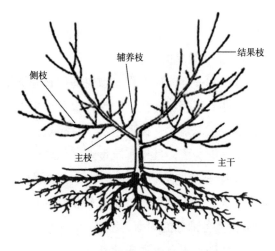

图 8　广安青花椒树体结构示意图

（2）主枝

主枝又叫骨干枝，直接着生在主干上的永久性大枝，它是构成树体骨架的主要部分，每株广安青花椒树通常留 3 ~ 5 个。

（3）侧枝

侧枝指直接着生在主枝上的骨干枝。每个主枝都有一个以上的侧枝。各侧枝从靠近主枝基部的第一个算起，分别称为第一、第二、第三侧枝。它和主干、主枝构成树体的整个骨架。

（4）结果枝

结果枝指着生花芽并能开花结果的枝条，是产量的保证。

（5）辅养枝

辅养枝指着生在树冠各类枝上的非骨干枝，起着辅养树体生长结果的作用，有临时性辅养枝和永久性辅养枝两类。

58. 广安青花椒整形修剪的作用有哪些?

优良的群体结构是通过合理、及时的整形和修剪来实现的。广安青花椒的整形、修剪主要有以下几个方面的作用。

（1）调节生长和结果的平衡

与其他经济树木一样，广安青花椒树的生长和结果是相互制约的，在一定条件下还相互转化。幼龄树以营养生长为主，如任其生长，往往是生长总量大，树形紊乱，总枝量多，抗逆性差，树势衰老快，易感染病菌，且果实质量差；如果通过加大主枝开张角度、摘心等修剪措施加以调控，则可以减缓树体的营养生长，促进花芽形成，使单纯的营养生长较快地转向生殖生长。

（2）调节树体各部分的均衡关系

光合作用是植株积累有机物质的基础，要想获得高产，就必须设法改善光照条件、增加叶片数量、提高叶片的光合效能、延长光合作用的时间，这也是建立高光效树形的根本目的，整形修剪是达到上述目的的主要手段。如根据不同的立地条件、栽植方式选择应用高光效树形，合理调整骨干枝角度，适当减少骨干枝数量，降低树干高度，改变枝条的延伸方向等，都可以改善椒树整体或局部的光照和通风条件，加强光合作用，增加树体的有效营养积累，增强树体的抗逆性，减少病虫害，并且能够有效提高果实品质。

（3）调节树体营养

调整树体叶面积，改变光照条件，从而影响光合产量，改变树体营养制造状况和营养水平；调节地上部与地下部的平衡，影响根系的生长，从而影响无机物质的吸收与有机物质的分配状况；调节营养器官和生殖器官的数量、比例和类型，从而影响树体的营养积累和代谢状况。控制无效枝叶和调整花果数量，减少营养的无效消耗；调节枝条角度、器官数量、输导通路、生长中心等，定向运转和分配营养物质。

广安青花椒树修剪后，树体内的水分、养分的变化很明显。修剪可提高枝条的含氮量及含水量。修剪程度不同，其含量变化有所区别，但在新梢发芽和伸长期修剪，新梢内碳水化合物含量、含氮量及含水量有随修剪程度的加重而减少的趋势。

（4）调节叶果比和花芽叶芽比

广安青花椒进入结果期以后，要达到丰产、稳产，在加强土、肥、水管理的基础上，就要使树体的叶果比和花芽叶芽比适当，通过整形修剪就可以对此进行有效的调控。

59. 整形修剪应该遵循哪些原则？

（1）注意自然环境和当地条件，因地制宜，灵活运用

自然环境和当地条件对广安青花椒的生长有较大的影响，其修剪虽有比较统一的要求和基本一致的剪法，但具体到每一棵椒树，其树形、枝梢各式各样。同时基于树龄、土质、管理条件等不同，实际修剪时灵活性很大，应根据椒树具体情况灵活运用。例如，幼年树不能过于强调整形，要适当多留密生小枝（辅养枝），以用于养根、养干、养树，促进椒树提早结果，以后再逐年回缩。

（2）注意树体各部分的平衡、协调关系

广安青花椒的地上部与地下部组成一个整体，叶片和根系是生产合成营养物质的主要器官，它们在营养物质和光合产物运输分配方面互相影响，并由树体本身的自行调节作用使地上部和地下部保持相对平衡的关系。当环境条件改变或人为施加措施时（如土壤、水肥、自然灾害及修剪等），这种平衡关系即受到破坏和制约。平衡关系破坏后，椒树会在变化了的条件下逐渐建立起新的平衡。但是，地上部与地下部的平衡关系并不都有利于生产。在土壤深厚、肥水充足时，树体会表现为营养生长过旺，不利于及时结果和丰产。对于这种情况，修剪中应区别对待。通过对树体的修剪，调节地上部与地下部，使树冠上下内外、骨干枝之间生长势相对平衡，强者缓和，弱者复壮。只有树势均衡，生长中庸，才能达到丰产、稳产。

（3）注意主从分明，结构合理

各类枝的组成要主从分明，主干的生长要比各主枝强，主枝

比侧枝强，而主枝间要求下强上弱，下大上小，保证下部的主枝逐级强于上部主枝，主枝和侧枝又要强于辅养枝。一棵椒树完整的树形结构通常包括主枝、侧枝、结果枝以及辅养枝。主枝通常粗壮且呈现出上仰状态，侧枝细且向外伸张，空隙内以辅养枝和结果枝填平。侧枝通常会弱于主干枝，在修剪过程中一般采用抑制性的修剪方式。广安青花椒主要在结果枝上挂果，结果枝大小不一，而竞争枝会消耗树体大量的营养物质，因此其是修剪的重点。一个枝组内的枝梢之间有主从关系，为高产、稳产、延长丰产年限提供了物质基础。

（4）注意配合其他措施，提高经济效益

修剪的调节作用有一定的局限性，它本身不能提供养分和水分，因而不能代替土、肥、水等管理措施，修剪必须与其他措施紧密配合，在良好的土、肥、水管理和病虫害防治的基础上合理运用，才能达到预期效果，提高经济效益。此外，任何一项管理措施都必须考虑经济效益，如整形修剪所投入人力、物力的成本大于其获得的收益时，则没有必要进行修剪。因此，广安青花椒树的修剪必须以提高椒园经济效益为原则，通过修剪最大限度地提高其产量和品质。

60. 广安青花椒有哪些修剪方法？各有什么作用？

（1）短截与回缩

短截是剪去枝梢的一部分，回缩是在多年生枝上短截。两种修剪方法都是促进局部生长，促进多分枝。修剪的轻重程度不同，产生的反应不同。为提高其开张角度，一般可回缩到多年生枝有分枝的部位。

短截一年生枝条时，其剪口芽的选留及剪口的正确剪法，应根据该芽发枝的位置而定。

（2）疏枝与缓放

从基部剪除枝条的方法称疏枝，又叫疏除。当枝条过于稠密时，应进行疏枝，以改善树林通风及光照条件，促进花芽形成，它与短截有完全不同的效应。

缓放也是一种修剪手法，即抛放不剪截，任由枝上的芽自由萌发，既可缓和生长势，还有利于腋花结果。

枝条缓放成花芽后，即可回缩修剪，这种修剪法常在幼树和旺树上采用。凡有空间需要多发枝时，应采取短截的修剪方法；枝条过于密集时，要进行疏除；而长势过旺的枝，宜缓放。只有合理修剪，才能使广安青花椒生长、结果两不误，以达到早丰、稳产、优质的要求。

（3）摘心与截梢

摘心是摘去新梢顶端幼嫩的生长点，截梢是剪截较长一段梢的尖端。摘心与截梢，不仅可抑制枝梢生长，节约养分以供开花坐果之需，避免无谓的浪费，提高坐果率，而且还可在其他果枝上促进花芽形成和开花结果。摘心还可促进根系生长，促进侧芽萌发分枝和二次枝生长。这种方法可加快枝组形成，提高分枝级数，从而提高椒树的结果能力。

（4）抹芽和疏梢

用手抹除或用剪刀削去嫩芽，称为抹芽或除芽。疏梢是新梢开始迅速生长时，疏除过密新梢。这两种修剪措施的作用是节约养分，促进所留新梢生长，使其生长充实；除去侧芽、侧枝，改善光照，有利于枝梢充实及花芽分化和果实品质提高。尽早除去无益的芽和梢，可减少后期去大枝所造成的大伤口及养分的大量浪费。

（5）拉枝与开角

拉枝是将角度小的主要骨干枝拉开，以开张枝条角度。此法对旺枝有缓势的效应。拉枝适于在春季树液开始流动时进行，将树枝用绳或铁丝等牵引物拉下，靠近枝的部分应垫上橡皮或布料等软物，防止伤及皮部（图9）。

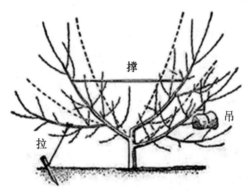

图9　枝条开角方法示意图

61. 广安青花椒修剪的时期有哪些?

广安青花椒的修剪时期有夏剪、采收时修剪以及采收后修剪3个时期。

（1）夏剪

夏剪是在广安青花椒发芽后，枝叶生长时期所进行的修剪，其措施有除二次枝、摘心、抹芽等。

①除二次枝。除二次枝可避免由于二次枝的旺盛生长而使得椒树过早郁闭。方法是在二次枝抽生后未木质化之前，将无用的二次枝从基部剪除。剪除对象主要是生长过旺造成树冠出"瓣

子"的二次枝。凡在一个结果枝上抽生3个以上的二次枝,可在早期选留1～2个健壮枝,其余全部疏除。

②摘心。在夏季,对于选留的二次枝,如果生长过旺,为了促进其木质化,控制其向外延伸,可进行摘心。

③抹芽。广安青花椒萌芽至新梢生长前,可去除瘦弱、有病虫害、萌蘖及过密枝芽,以达到节约养分、改善光照、提高枝芽质量的目的。

(2)采收时修剪(即"修剪采收一体化"技术)

在盛产期的广安青花椒矮化密植园里,对自然开心形树形进行重剪的一种方式(图10)。方法是在每年果实采收期(6月上旬至7月下旬),在每株树上以主干为中心的直径60～80厘米的范围内,选相对均匀分布的健壮枝条20～30个,从离基部10厘米左右高的地方剪断,即留下10厘米左右的桩头(彩图16),其余没有被选中的枝条均从基部剪去,然后带枝或在剪下的枝条上采摘果实。

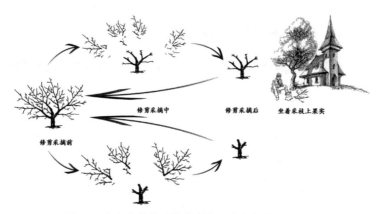

图10 广安青花椒"修剪采收一体化"技术示意图

（3）采收后修剪

待主枝和留下的桩头上长出的夏梢长平均约 10 厘米时，选留分布均匀且生长健壮的夏梢 50 个左右，其余夏梢和秋梢均全部适时去掉。

62. 广安青花椒盛产期"修剪采收一体化"技术应注意哪些问题？

广安青花椒采收和修剪同步进行，应用"修剪采收一体化"技术（即俗称的下桩）后，要注意以下两点。

第一，需要根据土壤肥力情况和产量情况，每株施复合肥（N : P_2O_5 : K_2O 为 15 : 15 : 15）1 ~ 1.5 千克，根据土壤的干湿情况适时灌水和排水，通过科学的大田水肥管理促进抽生的夏梢快速生长。一定要注意水肥管理，促进夏梢的早抽生和生长，不能因缺水缺肥而影响夏梢生长，从而影响下一年的产量。

第二，根据夏梢枝条的生长情况适时给叶面喷施药肥，在 8 月底、9 月中旬和 9 月底各喷一次 500 ~ 800 倍烯效唑与 0.2% ~ 0.3% 磷酸二氢钾的药肥复配液，通过高效的叶面药肥施用技术提高夏梢木质化程度和抗寒能力及促进花芽分化；于 11 月下旬至 12 月初，广安青花椒枝梢停止生长或生长较缓慢时，截去夏梢顶部 2 ~ 3 厘米长且相对幼嫩的梢头部分，进一步促进枝梢木质化和花芽分化，确保第二年正常的开花挂果。

63. 怎样培养广安青花椒丰产稳产树形？

目前，广安青花椒采用矮化密植方式进行栽培管理，树形为自然开心形，该树形经过三年左右的时间就可以养成树冠，达到丰产稳产的目的（图11）。它的修剪方式成形快，结果早，易掌握。该树形修剪量较小，树冠成开张状，冠内通风光照条件好，结果品质好。树体矮小，便于采摘管理。

（1）第一年

①定干。栽植后随即定干，定干高度为40～60厘米。立地条件差，栽植密度大，树干宜稍矮，反之，则宜稍高。定干时要求剪口下10～15厘米范围内有5个以上的饱满芽，待苗木发芽后，初步选留3～5个枝条，作为主枝培养；如果栽植2年生苗木，在整形带内已有分枝的，可适当短截，保留一定长度，培养主枝。

②选定主枝。定植的幼树，在肥水管理较好的情况下，一般到6月上中旬，新梢可长到50厘米以上，这时可选定3～4个主枝。其余新梢全部剪去一半或三分之一，控制其生长，作为辅养枝，增大叶幕面积。主枝间隔15厘米左右，且向不同方位生长，使其分布均匀。主枝开张角度宜在60°左右，水平夹角和开张角度不符合要求时，可用拉枝、支撑或剪口芽调整的办法解决（图9），主枝间的生长势要力求均衡。

③培养侧枝。夏季，当主枝长到50～60厘米时摘心，促发二次枝，培养一级侧枝，同级侧枝选在同一方向（主枝的同一侧）。冬剪时主枝一般保留长度为35～50厘米。主枝以外的枝条，凡重叠、交叉、影响主枝生长的从基部疏除，不影响主枝生长的可适当保留，利用其早期结果，待以后再根据情况决定留舍。

（2）第二年

①短截主枝延长枝。对各主枝的延长枝进行短截，剪留长度

为 45 ~ 50 厘米；要继续采用强枝短截，弱枝长留的办法，使主枝间均衡生长。如果竞争枝和延长枝长势相差不大时，一般应对竞争枝进行重短截，过一两年后再从基部剪除。应注意剪口芽的方向，用剪口枝调整主枝的角度和方向。

②培养主侧枝。主枝上的第一侧枝距主干 30 ~ 40 厘米，侧枝宜选留斜平侧或斜上侧枝。侧枝与主枝的水平夹角以 50° 左右为宜。各主枝上的第一侧枝，要尽量同向选留，防止互相干扰。对生长健壮的树，夏季修剪主要是控制竞争枝和主侧枝以外的旺枝。控制的方法是，对过旺的竞争枝和直立枝及早疏除，其余新枝可于 6 月中下旬摘心或剪截，使其萌发副梢，成为结果枝或结果枝组。

（3）第三年

第三年树冠扩展较快，枝、叶生长量明显增加。整形修剪的任务仍以培养主枝和侧枝为主，选留好主枝上的侧枝，同时注意处理好辅养枝，培养结果枝组。

①培养第二侧枝。各主枝上的第二侧枝，一般剪留 50 ~ 60 厘米。继续控制竞争枝，均衡各主枝的长势。同时注意各主枝的角度和方向，使主枝保持旺盛的长势。各主枝上的第二侧枝，要选在第一侧枝对面，相距 25 ~ 30 厘米，最好是斜上侧或斜平侧的枝。

②培养辅养枝。第二侧枝的夹角，以 45 ~ 50° 为宜。对于骨干枝以外的枝条，在不影响主枝生长的情况下，应尽量多留，增加树体总生长量，迅速扩大树冠。这一时期，对于辅养枝处理得当与否，对是否能早结果、早丰产影响很大。除疏除过密的长旺枝外，其余枝条均宜轻剪缓放，使其早结果。

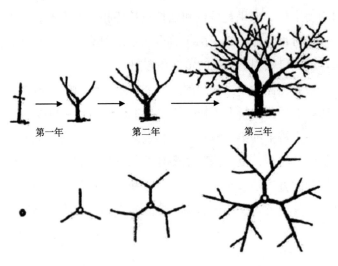

第一年　　　　　　第二年　　　　　　第三年

图 11　自然开心形树形修剪示意图

64. 广安青花椒幼树怎样修剪？

对于广安青花椒幼树主要是建立牢固的骨架。在整形的基础上，对各类枝条的修剪程度要轻，除适当疏除过密、交叉的乱生枝外，要尽量多保留一些中等枝和小枝。轻短截 1 年生枝，促发较多的分枝，以利骨干枝的生长，2 ~ 3 年生的幼树，主侧枝的延长枝和侧生枝的短截程度，应根据枝条生长强弱和着生位置来决定。延长枝一般宜剪留 40 ~ 50 厘米，侧生枝宜短些，以利枝条的均衡生长。延长枝一般留外芽，待第二年冬剪时剪除里芽，用外芽当延长枝，这样可以开张角度，抑制其过旺生长。树冠内的各级枝上的小枝，基本不动，使其尽早形成结果枝，以利提早结果和早期丰产，防止内膛空虚。

在幼树整形时，还要注意平衡树势，使各级骨干枝从属关系分明。当出现主、侧枝不均衡时，要压强扶弱，对过强的主枝、侧枝进行回缩，利用幼树下部的背后枝作主枝头，延长枝适当重剪，这样树势可逐步达到平衡。

65. 广安青花椒衰老树应该怎样处理?

广安青花椒进入衰老期后，外围枝生长势减弱，小枝干枯严重，外用枝条下垂，同时发出大量徒长枝，出现自然更新现象，产量也显著下降。为了延长结果年限，可对衰老树进行更新复壮。

（1）主干更新（大更新）

将主枝全部锯掉，使其重新发枝，并形成主枝。具体做法有两种：一是对主干过高的植株，可从主干的适当部位将树干全部锯掉，使锯口下的潜伏芽萌发新枝，然后从新枝中选留方向合适、生长健壮的枝条2～4个，培养成主枝；二是对主干高度适宜的开心形植株，可在每个主枝的基部锯掉。如系主干形植株，可先从第一层主枝的上部锯掉树冠，再从各主枝的基部锯掉，使主枝基部的潜伏芽萌芽发枝。

（2）主枝更新（中更新）

在主枝的适当部位进行回缩，使其形成新的侧枝。具体修剪方法为：选择健壮的主枝，保留50～100厘米长，其余的部分锯掉，使其在主枝锯口附近发枝。发枝后，每个主枝上选留方位适宜的2～3个健壮枝条，培养成一级侧枝。

（3）侧枝更新（小更新）

将一级侧枝在适当部位进行回缩，使其形成新的二级侧枝。

其优点是新树冠形成和产量增加均较快。具体做法为：①在计划保留的每个主枝上选择 2～3 个位置适宜的侧枝。②在每个侧枝中下部长有强旺分枝的前端进行剪截。③疏除所有的病枝、枯枝、单轴延长枝和下垂枝。④对明显衰弱的侧枝或大型结果枝组进行重回缩，促其发新枝。⑤对枯枝梢要重剪，促其从下部或基部发枝，以代替原枝头。⑥对更新的椒树，必须加强土、肥、水和病虫害防治等综合技术管理，以防当年发不出新枝，造成更新失败。

七、广安青花椒花果管理技术

66. 广安青花椒开花有什么特点？

广安青花椒花期为3月初至4月初，长达1个月，花期开放整齐度较低，发育快的树，部分枝条上的花已经凋谢，而发育慢的花蕾还未成熟。它有雄花和雌花两种类型的花。

（1）雄花

雄花于3月初展开花序，3～5个小花组成一个花序，多个花序圆锥形排列成一个大花序（彩图18）；每个雄蕊由5～8个花药构成，花药为浅绿色，由萼片包裹呈圆形排列，花药中间有一个突起；每个花药由4个条状花药囊组成，花药囊的背部平整，顶部有一个腺点；随后花序轴继续伸长向外展开，花药颜色由翠绿变为黄绿色；然后花药下部分化出花丝，推动花药向上伸长并向外展开；接着花丝不再伸长，花药变成黄色，内部的花粉成熟，随后部分花药囊裂开散粉，花粉散出后，花药萎蔫，几天内花丝、花托等整个雄蕊都慢慢枯萎掉落。单个花药的散粉时间为1～2天，但是一个雄蕊上花药的成熟有先后，不同花序上雄花成熟也有先后，不同雄株的雄花发育时间整齐度较差，所以雄花开放期较长，期间持续有花粉散出。

（2）雌花

雌花3月初苞叶展开，发育成复叶，花序呈圆锥状展开绽放，雌蕊扁平，包裹在6～8片萼片中（彩图19），接着小花的萼片分离，顶部露出2～3个心皮，每个心皮下方发育成子房，上方分化出花柱；然后雌蕊不断变大，黄绿色的花柱继续伸长，到达一定长度后向两边分开；再接着雌花小花的萼片连着花托，花托上的子房开始膨大鼓起，子房上的花柱不再伸长和向背弯，顶部开始分化出柱头，柱头表面细胞凹凸不平地排列，呈黄绿色且晶莹剔透；然后柱头顶部微微泛红，表面变得湿润，此时柱头已经进入了可授状态，花粉飘落在柱头上容易被黏住；由于柱头极其幼嫩脆弱，易脱水易脱落，所以雌花的可授状态时期很短，4～6天后花柱会直接萎蔫脱落；在3月底萼片开始枯萎变成褐色，然后慢慢萎蔫脱落；此时子房开始膨大，表皮明显可见多个孔，后期直接发育成油囊，储存果实形成的青花椒油。

67. 广安青花椒结果有什么特点？

广安青花椒果实多为2～3个上部离生的蓇葖果，集生于小果梗上，呈球形，沿腹缝线开裂，直径3～5毫米。种子未成熟时果皮为青绿色，散有多数油点及细密的网状隆起皱纹，内表面为白色、光滑，干后变暗苍绿色，油腺密而突出。种子成熟时果皮为紫红色，种子黑色，有光泽，直径2～4毫米，每个果实内有种子1～2粒。果期在每年的6～8月，种子成熟期在每年的8～9月。

68. 广安青花椒雌花是怎样分化的？

根据广安青花椒雌花芽的分化特征，将其分为花芽未分化期、花芽分化始期、花序轴分化期、花蕾分化期、萼片分化期和雌雄蕊分化期 6 个时期。

（1）花芽未分化期

9 月初叶柄基部开始出现芽，芽体小，约为 2 毫米 × 1.5 毫米，翠绿色，锥形，肉眼不易发现，芽外包裹 1 ~ 2 片幼叶；9 月底枝条开始木质化，逐渐由营养生长转向生殖生长，芽体经过一定的营养积累后开始膨大并进入分化期，此时雌花芽和雄花芽的形态和结构没有明显的区别，不易区分。

（2）花芽分化始期

9 月底至 10 月中旬，雌花芽从基部开始，逐渐向上部膨大，其外部包裹的幼叶开始松动，外围分布黑色斑点，芽体修长呈深绿色。

（3）花序轴分化期

10 月中旬至 11 月中旬，雌花芽变大变饱满，花芽外部分布较多黑色斑点，幼叶包裹花芽，剖开叶片能观察到内部有很小的花序，同时花芽基部出现 1 ~ 2 个小侧芽。由切片可见，总花序轴周围分化出多个亚花序原基，每个亚花序原基外部有一层苞片，随后分化为花序二级轴，继而分化出三级轴。随着花序二级轴、三级轴的分化伸长，各级花序轴上的生长点外侧又分化出小苞片，层层包裹保护花芽不受冻害。此时雄花芽的生长点由两层苞片包裹，同时生长点两侧开始出现萼片原基的分化。

（4）花蕾分化期

12月初至1月中旬，温度较低，花芽生长速度变慢，雌花芽外部黑色斑点分布密集，芽体整体修长呈现深绿色，花芽由幼叶包裹，叶片顶部开始松动，并微微展开，剥开叶片可见内部的花序，1月初顶部开裂，花序隐蔽在叶片下部，基部1～2个侧芽的包裹性较差，花序裸露在外。此阶段花序总轴分化完全，二级轴和三级轴仍在分化伸长，花序轴顶部的花蕾原基由两层苞片包裹，花蕾原基分化出多个突起，外侧突起为萼片原基，内侧突起为雌蕊。

（5）萼片分化期

12月中旬至第二年1月中旬，萼片分化期与花蕾分化期有重叠，萼片的分化在花芽外部形态上没有明显体现出来，只有在雌花和雄花的花芽切片中才能观察到。

（6）雌雄蕊分化期

1月下旬至2月下旬，由于气温低，花芽进入休眠状态，生长速度较慢，此阶段持续时间较长。此分化时期内并非单独的雌雄蕊分化，包含着部分花芽或花序正在进行花蕾分化和萼片分化，自2月上旬，温度回升，花芽分化速度加快，苞片边缘泛红，花蕾即将绽放，此时能够明显区分出雌花芽和雄花芽。雌花芽顶部露出花序，但是相比于雄花芽，露在外部的花序较少，花芽整体颜色为深绿色，外部的幼叶展开，可直接观察到花蕾，雌花花蕾扁平，萼片紧紧包裹着心皮。切片可见雌花芽发育较慢，雌蕊原基呈椭圆状，分化出2～4个圆柱状的突起，突起发育为子房，每个小花最终发育出1～3个子房，多数为2个子房。

69. 广安青花椒雄花是怎样分化的?

广安青花椒雄花芽的形状在雄蕊分化前与雌花芽相似,不容易区分,之后萼片与雄蕊在分化期明显比雌花芽大,且颜色较浅,呈黄绿色,能明显看到芽顶部包住花序的锈褐色绒毛。

其分化阶段如下:

在花芽未分化期,雄花芽形态和结构与雌花芽没有明显的区别,不易区分。

在花芽分化始期,雄花芽分布的黑色斑点相对较少,芽体颜色较浅。

在花序轴分化期,雄花芽发育先于雌花芽,外部的幼叶展开并且顶部露出浅绿色的花序,从切片来看,其生长点由两层苞片包裹,同时生长点两侧开始出现萼片原基的分化,雌花芽分化较慢,此时正在分化第二层苞片。

在花蕾分化期,雄花芽外围分布黑色斑点相对较少,呈翠绿色,整体较雌花芽矮胖,花芽顶部露出浅绿色的花序,随着花序变大,露出部分变多,虽然花序由苞片包裹,但是低温干燥环境仍导致花序失水变干呈黄褐色。

在萼片分化期,由于与花蕾分化期有重叠,萼片的分化在花芽外部形态上没有明显体现出来。

在雌雄蕊分化期,雄花芽因为花序裸露在外面较早,受低温影响,表面干黄,花芽整体为黄绿色,雄花的萼片包裹着内部的花药,呈圆柱状。切片可见雄花芽的雄蕊原基分化为几个圆柱状的突起,每一个突起发育形成一个花药,一个花药内部分化形成4个花药囊,每个花药囊内细胞排列密集,然后花药囊内细胞的绒毡层开始分裂解体，最后花粉细胞变大并在花药囊内分散排列。

70. 广安青花椒开黄花如何处理?

广安青花椒的花有雌花和雄花之分，开黄花是指开的花只有雄蕊，即只有花药和花丝，没有雌蕊（彩图 18），花朵黄色明显，只开花，不结果，严重影响种植户的经济收入。目前，对于广安青花椒开黄花的成因还不明确，防治方法虽多种多样，但修剪法是使用最多、成功最多的方法，即剪掉发生黄花的枝条，阻止其发生。在未发生黄花的椒园，每年使用生物有机肥和微量元素肥活化土壤，增强树体的抗性；对已发生开黄花的树，采用轻发生（部分枝条有）重剪，剪除大枝，阻止其继续扩大；重发生（一个大枝或整株树都开黄花）则连根刨除，并采取土壤消毒的方法处理。

71. 广安青花椒果实有几个发育时期? 各有什么特点?

广安青花椒果实从 4 月坐果至 9 月完全成熟，根据发育特点，可分为坐果期、果实膨大期、果实缓慢生长期、果实成熟期、果实着色期和种子成熟脱落期 6 个时期。

（1）坐果期

从子房膨大、形成幼果，到 4 月上旬果实长到一定大小，结束生理落果的一段时期，一般持续 30 天左右。

（2）果实膨大期

4 月中旬到 4 月下旬是果实迅速膨大的一段时期，此期持续

15 天左右，果实长到一定大小，生理落果基本停止。此时果皮没有香味，但是外果皮已经形成油囊，并且油囊呈点状分布，纵切可见内部的种子整个呈透明状。这一时期的营养充足供应是丰产的关键，并且此时温度升高，雨水较多，既是落果的高峰期，还是病虫害的高发期，可提前喷施农药和植物生长调节剂，能有效防治病虫害、促进果实坐果及膨大。

（3）果实缓慢生长期

果实大小生长缓慢，外果皮的油囊增多增大，呈透明状凸起，种皮由白变红再变为黑褐色，并形成蜡质层，种子内部胚乳为透明浆状，一个果实内有 1～2 个种子，单个的种子为圆形，两个的种子为两个不规则半圆形。

（4）果实成熟期

果实青绿色，有光泽，香味浓烈，种子开始发育，种子内子叶和胚由透明浆状变为米白色固态状，种皮变为黑色，质地坚硬。果皮的油囊逐渐饱满、密集分布，内果皮为光滑的革质，麻香味浓郁，此时为果实采收期，品质较好，与此同时，此时采摘也有利于第 2 年结果枝培育，采收修剪后可以为树体留足够长的时间进行枝叶生长。

（5）果实着色期

外果皮开始由绿色变红，直至广安青花椒果皮全部变为紫红色，此时种子的胚乳、子叶都基本成熟，败育的种子内部胚萎缩，变为空壳，仅剩下种皮。

（6）种子成熟脱落期

胚乳及子叶为白色固态，广安青花椒果皮开始沿着腹缝线开裂，内部种子露出。此时新的枝条上已经出现芽体，进行下一个周期的生长发育。可以提前收获种子，避免果实开裂后不好采收。

72. 如何促进广安青花椒花芽分化?

广安青花椒花芽分化是一个非常重要的步骤,关系着其来年的产量。在广安青花椒生产管理的过程中,若没有进行科学的管理,会导致其枝条木质化程度低,影响花芽分化效果。促进广安青花椒花芽分化的技术措施有以下几点:

(1)规范下桩(即"修剪采收一体化"技术)

研究表明,采收修剪时间在 6 月中下旬,修剪时保留 15 根左右的枝条能促进广安青花椒花芽分化,增加成花率,达到提质增产的效果。特别注意,下桩时间不能晚于 7 月中下旬,否则可能会影响第二年的收成。由于广安青花椒中度或重度短截,剪口大,对树体影响大,如不及时处理,剪口会被病虫害侵染,引起裂皮、脱水,从而影响其萌芽甚至树势。因此,下桩后应及时施打刀口药,减少病菌侵入,促进伤口愈合;活化芽体,促使萌芽快而多;提高萌芽整齐度,使后期枝梢生长健壮。

(2)施足养分

采摘前施肥应以高氮复合肥为主,推荐下枝前 5 ~ 7 天施用,有利于广安青花椒对养分的吸收与存储。

(3)合理疏枝

经过 7 ~ 8 月的新梢萌发和枝条生长,新梢长度已为 60 ~ 80 厘米,结合树势强弱和气候因素,秋季应疏除生长旺盛枝、病虫枝、老化枝、下垂枝、交叉枝、重叠枝等过密的辅养枝,将它们从基部剪去。疏枝时应注意动作,防止将其他枝条碰断、拉伤。疏枝最好实现"东西南北美观、四面八方匀称、前后左右通畅"。

（4）科学收老

在广安青花椒花芽分化的有效时间内，在分化的不同阶段，使用规定的药剂和方法，促进枝条木质化和花芽有效分化。喷施收老药主要是控制枝条的快速生长，在8月底、9月中旬和9月底共3次，向叶面喷洒500 ~ 800倍烯效唑溶液，让枝条木质化，实现来年多挂果、高产丰收。

（5）防病保叶

此期主要预防锈病和斑点落叶病。9 ~ 10月是广安青花椒锈病发病盛期，降雨频繁更容易使该病发生。锈病多从树冠下部叶片发生，并由下向上蔓延，受害叶片背面呈黄色或锈红色的圆点病斑，重者会造成病叶全部落光。斑点落叶病在发病初期，被害叶片表面出现点状失绿斑，之后病斑逐渐变成灰色至灰褐色小圆斑。斑点落叶病发生于11 ~ 12月，可引起椒树提前落叶导致减产，因此应以早期预防为主。

八、广安青花椒采收与采后处理

73. 广安青花椒最佳采收期是多久？

广安青花椒果实在八成、九成成熟度时采收，一般在 7 月中旬前完成采收。从外观上看，果皮的油囊分布密集、饱满，在太阳光的照射下有光泽、半透明、油润感强，果实青绿色，麻香味浓烈。此时采收的广安青花椒的挥发油和麻味素物质达到相对稳定的状态，色泽鲜艳、出椒率高、麻香味浓郁，芳香油含量高，品质较好。

74. 广安青花椒采收后应加强哪些方面的管理？

广安青花椒采收后的管理非常重要，这一时期是树体全年营养的积累储备期，也是广安青花椒根系生长的关键期。光合作用除了补充树体的消耗，促进生长外，还要使大部分养分积累起来，用于充实枝条，促进花芽分化和饱满，花芽的饱满是来年丰产的重要保证。

（1）秋季深翻施基肥

广安青花椒采收后，在 11 月前施入基肥，基肥种类以有机肥为主，配合适量磷钾肥。由于此时地温、气温较高，施肥后养分分解快，根系吸收较快，能显著提高叶片光合作用，对恢复树势极为有利，更有利于根系储备养分。

施肥量要根据树龄、树势、地力而定，一般结果盛期的椒树，每株应施用腐熟的有机肥 10 ~ 20 千克，配施 0.3 ~ 0.5 千克复合肥。施肥方法可采用环状沟或放射沟施肥法，沟深以 30 厘米为宜。

深翻可以疏松土壤，改善土壤通透性，增强保水、保肥性能，调节气温及促进微生物活动，有利于根系生长，扩大吸收面积。同时，秋季深翻可促使断根愈合，扩大总根量，促进根系发育。深翻可结合施基肥进行，方法是在树冠投影内，由干基向四周翻，深度掌握在 10 ~ 30 厘米为宜。

（2）保护叶片

及时防治锈病，防止落叶。这一时期广安青花椒主要依靠叶片光合作用制造养分向树体积累，保护好叶片，可以让其制造更多的养分。可向树冠喷施一次 0.3% 磷酸二氢钾 +0.5% 尿素 +800 倍甲基托布津混合溶液，杀灭病菌，同时使叶面迅速恢复功能，提高光合作用效率，以积累养分，增强树势。

（3）加强病虫害防治

①及时清除椒园中的病虫枝、枯枝死树、落叶、杂草，集中烧毁。

②使用高效低毒农药如螺虫乙酯、氟啶虫酰胺等，对危害广安青花椒的病虫进行树干涂药，杀灭初孵幼虫。

③秋季雨水较多，易诱发广安青花椒发生病害，可向树冠喷施多菌灵、甲基托布津、戊唑醇等杀菌剂。

④在冬季用石硫合剂进行全园喷施，杀灭越冬病菌、虫卵、幼虫等。

（4）科学整形修剪

修剪的目的是改善树体通风透光条件，增加树体负载量，平衡生长和结果的关系，调节养分分配，有利于积累和节约养分。采摘后到 10 月份的修剪以拉枝和摘心为主，控制新梢生长，增加养分积累。修剪后，伤口及时涂抹愈伤防腐膜，保护伤口，防止病菌的侵染。

75. 广安青花椒质量分级标准包括哪些内容?

广安青花椒是以其色泽、外观、气味、杂质含量、水分含量、挥发油含量等进行质量分级的（表 3）。具体要求如表 3。

76. 广安青花椒如何贮藏?

广安青花椒在贮藏过程中，由于受水分、温度、光照、氧气等因素的影响，发生的褐变不仅影响其外观品质，同时还造成香气和麻味等营养物质的损失，因此，褐变是广安青花椒贮运和加工过程中必须首先要解决的问题。

一般来说广安青花椒晾晒至含水量在 10% 左右时即可包装储藏，储藏的场所应保持洁净，无化学物质、挥发性物质；储存库湿度 60% 以下、温度以 10 ~ 15℃为宜；广安青花椒运输过程中应保持车辆的清洁、干燥，严禁与有毒、有害、有腐蚀性、有异味的物品混运。针对采收及采后处理、储藏和运输过程应建立相应记录。

表 3　青花椒质量分级指标（GH/T 1284-2020）

项目		一级		二级		三级		四级	
		干花椒	鲜花椒	干花椒	鲜花椒	干花椒	鲜花椒	干花椒	鲜花椒
感官指标	色泽	有光泽、青绿或黄青	鲜绿色	浅青或黄绿、有光泽	深绿色	浅青或褐青	青绿色	褐青或棕褐	黄红色
	外观	粒大、均匀、油腺密而突出	粒大、均匀、油腺密而突出	均匀、油腺密而突出	均匀、油腺密而突出	均匀、油腺突出		油腺较稀而不突出	
	滋味	麻味浓烈、持久、无异味		麻味较浓、持久、无异味		麻味尚浓		无异味	
	气味	香气浓郁、纯正		香气较浓、纯正		具香气、较纯正		较纯正	
物理指标	开口椒/%	≥90.0	—	≥80.0	—	≥70.0	—	≥60.0	—
	含籽椒/%	≤10.0	≤100.0	≤20.0	≤100.0	≤30.0	≤100.0	≤40.0	≤100.0
	固有杂质/%	≤1.0	≤10.0	≤2.0	≤20.0	≤3.0	≤30.0	≤5.0	≤40.0
	水分含量/%	≤12.0	≤70.0	≤12.0	≤75	≤13.0	≤80.0	≤13.0	≤80.0
	外来杂质/%	≤0.1		≤0.2		≤0.3		≤0.5	
	黑粒椒+劣质椒/%			≤2.0					
化学指标	挥发油/（mL·100⁻¹·g⁻¹）	≥5.0	≥1.0	≥4.5	≥0.9	≥4.0	≥0.8	≥3.0	≥0.7
	总灰分/%			10.0					
	总砷（以Ag计）/（mg·kg⁻¹）			0.5					
	铅（以Pb计）/（mg·kg⁻¹）			3.0					

（1）传统干制贮藏

最传统的干制方法是晾晒。采收整理好的广安青花椒水分很高，将其轻轻摊撒在晾坝或竹席上，几天便可风干好。摊晒的关键技术是保证油胞不破裂，完好无损，否则香气散发，颜色变黑，影响品质。晒干的广安青花椒色泽青绿，香味纯正，品质上乘。由于晾晒不需消耗能源和特殊的设备与场地，经济成本较低，所以，晾晒是一种广泛使用的干制方法。但是，晾晒受天气影响较大，若采收时遇到连阴雨的天气，则色泽品质都会变差。

过去贮藏广安青花椒，一直采用麻袋盛装，普通库存贮藏。用这种方法贮藏弊病很多。时间一久，麻味降低，香气减少，颜色减退。一到高温梅雨季节，广安青花椒吸水后，油质水解霉变，不但失去了价值，而且霉变的广安青花椒，人食用后对身体还会有不良影响。目前，广安青花椒经晒干轻选后进行分级，分级后用塑料袋盛装密封避光保存。量大时，密封后，贮藏于温度为 10 ~ 15℃和相对湿度为 60% ~ 70% 的条件下；量少时，密封后置于冷凉且通风好的屋里；一般家庭用的，放于瓶内，放置于低温室内，随用随取，用后盖严，保持食用质量，只有这样，才能保证广安青花椒香味持久、麻味十足、颜色青绿而富有光泽。

（2）生物灭酶和真空冷藏

目前，市场上销售的保鲜广安青花椒大多采用此技术生产。一方面，它通过将广安青花椒与热的食用植物油接触，不仅对广安青花椒起到杀青和杀灭表面微生物的作用，且快速降温后，可同时制得青花椒油；另一方面，由于该工艺不需用大量水或蒸汽处理鲜花椒，因此广安青花椒的麻味不会随水带走，这样不仅大大提高了广安青花椒的利用率，节约了水资源，减少了环境污染，而且还有效降低了生产成本，经济效益显著。

（3）真空冷冻干燥贮藏

真空冷冻干燥技术是一项高新加工技术，被认为是生产高品质脱水食品的最好加工方法。其原理是在真空状态下，利用升华原理，使预先冻结的物料中的水分不经过冰的融化直接以冰态升华为水蒸气出去，从而使物料在低温状态下被迅速干燥，称为真空冷冻干燥，简称冻干。真空冻干的广安青花椒外观色泽鲜艳，香气麻味成分损失少，但由于冻干技术生产成本高，难以广泛应用于广安青花椒的贮藏加工。

（4）减压贮藏

减压贮藏又称低压贮藏、负气压贮藏或真空贮藏等，是在冷藏和气调贮藏的基础上进一步发展起来的一种特殊的气调贮藏方法。它是将广安青花椒置于密闭容器或密闭库内，用真空泵将容器或库内的部分空气抽出，使内部气压降到一定程度，同时经压力调节器输送进新鲜湿润的空气（相对湿度80% ~ 100%），整个系统不断地进行气体交换，以维持贮藏容器内压力的动态恒定和保持一定的湿度环境。在低压条件下，可以抑制广安青花椒的呼吸作用，降低空气中氧气的含量，阻止广安青花椒贮藏期间乙烯、乙醇等有害气体的积累，从而延长货架期。

（5）护绿工艺和壳聚糖涂膜

以0.70%柠檬酸、0.80%抗坏血酸、0.05%醋酸锌，浸泡60分钟为广安青花椒进行护绿工艺；然后对处理后的广安青花椒进行1.0%壳聚糖涂膜，并将涂膜后的广安青花椒装入聚乙烯薄膜袋真空包装，放入4℃冷库中冷藏。该工艺可有效延缓广安青花椒营养物质的损失和机体衰老。

九、广安青花椒病虫害防治技术

77. 怎样进行病虫害农业防治?

农业防治法是在广安青花椒栽培过程中有目的地创造有利于其生长发育的环境条件,使广安青花椒生长健壮,提高其抗病能力;同时,创造不利于病原生物活动、繁殖和侵染的环境条件,减轻病害的发生程度的一种防治方法,是最经济、最基本的病害防治方法。

（1）培养无病苗木

有些病害是随着苗木、接穗、插条、根蘖、种子等繁殖材料扩大传播的,因此,使用无病苗木和接穗显得十分重要,尤其是新建椒园,必须严格禁止采用带毒苗木和接穗。

（2）做好椒园卫生

椒园卫生包括清除病株残余,深耕除草,砍除转主寄主等措施。其主要目的在于及时消灭和减少初侵染及再侵染的病菌来源。对多年生广安青花椒来说,椒园病原生物逐年积累,对病害的发生和流行起着重要作用,搞好椒园卫生有很明显的防治效果。

（3）合理修剪

修剪是广安青花椒管理工作中的重要措施,也是病害防治的主要措施之一。合理修剪可以调整树体营养分配，促进树体生长发育，调节结果量，改善通风透光条件，增强树体抗病能力，起到防治病害的作用。此外，结合修剪还可以去掉病枝、病梢、病蔓、病芽等，减少病原数量。但是，修剪造成的伤口是许多病菌的侵入门户，修剪不当也会造成树势衰弱，有可能加重某些病害的发病程度。因此，在修剪过程中应采用适当的修剪方法，同时对修剪伤口进行适当地保护和处理。

（4）合理施肥和排灌

加强水肥管理，可保证广安青花椒营养，提高抗病能力，起到壮树防病的作用，对于缺营养的树体，有针对性地增加肥料和微量元素，可抑制病害发展，促使树体恢复正常。椒园的水分状况和排灌制度影响病害的发生和发展。如根腐病等是在椒园积水的条件下发病严重，改漫灌为沟灌并适当控制灌水，及时排除积水，翻耕根周围土壤，可大大减轻其危害。适当增施磷、钾肥和微量元素，具有提高广安青花椒抗病能力的效果。多施有机肥料，可改善土壤，促进根系发育，提高植株的抗病性。

（5）选育并利用抗病品种

选育和利用抗病品种是防治广安青花椒病害的重要途径之一，通过各种育种手段培育新的抗病品种，也是防治病害的重要方法。

78.怎样进行虫害生物防治？

生物防治是指利用生物或生物制剂防治害虫的方法，具有无污染等优势，比物理防治和化学防治更优越。因为其防治效果好，且不污染环境，因此具有广阔的应用前景。

广安青花椒的生物防治一般采取以虫吃虫的方法。常见害虫的天敌昆虫有瓢虫、草蛉、蜘蛛、螳螂、寄生蜂等，应注意保护利用七星瓢虫、花椒啮小蜂控制棉蚜、花椒窄吉丁，人工繁育释放肿腿蜂控制花椒天牛，发挥其对害虫的抑制作用。具体可采取以下措施进行防治。

（1）利用天敌捕食

提前做好布局准备，掌握椒园虫害的发生规律，是利用天敌生物防治广安青花椒虫害的基本前提。另外，改善椒园生态环境，创造一个适宜害虫天敌生存和繁殖的条件，以充分发挥它们对害虫的自然控制作用。

（2）有选择地使用杀虫剂

选择使用高效、低毒、对天敌杀伤力小的农药品种。一般来说生物源性杀虫剂对天敌的危害轻，尤其是微生物农药比较安全。化学源性农药中的有机磷、氨基甲酸酯杀虫剂对天敌的杀伤作用最大，菊酯类杀虫剂对天敌的危害也很大，昆虫生长调节剂类对天敌则比较安全。

（3）优势种天敌人工大量繁殖释放治虫

由于多数天敌的群体发育落后于害虫，因此单靠天敌本身的自然增殖很难抑制害虫的危害。在害虫发生初期，自然天敌不足时，提前释放一定量的天敌，可以取得满意的防治效果。

（4）昆虫激素和性激素应用

利用激素技术，对害虫的正常交配实施干扰，做法是通过释放大量的激素，使雌性害虫和雄性害虫之间的吸引力受到干扰，从而干扰它们的交配和繁殖。

此外，还可以使用激素诱捕法，以达到减少害虫繁殖数量、降低害虫繁殖速度的目的。方法是安装一些诱捕设备，采用激素来吸引某一性别的害虫并将其捕捉和消灭。

79. 怎样进行病虫害物理防治?

病虫害物理防治是利用各种物理因子、人工或器械防治作物病虫害的方法,相较于化学防治、生物防治和农业防治,物理防治更加依赖设备和装备。其主要有捕杀和诱杀两大类,具体措施如下。

(1)人工捕杀

用捕捉成虫、刮除虫卵,树干涂石灰水的方法防治害虫。例如:介壳虫主要寄居在广安青花椒树的枝干上,严重影响广安青花椒树体生长,可以人工将其刮除,合理修剪受害枝。

(2)太阳能杀虫灯

利用害虫的趋光、趋波特性,安装太阳能杀虫灯,用于控制窄吉丁虫、毒蛾、小卷叶蛾、叶蝉等害虫。

(3)色板诱控技术

大部分害虫具有趋光或趋黄特性,可以在新梢发芽期在树冠上放置黄色粘虫板,从苗期和定植期开始使用,有效控制害虫的发展,尤其是蚜虫。利用昆虫对不同颜色的趋性,采用色板诱集昆虫,使用环保粘胶粘住飞向色板的昆虫,从而达到消灭害虫的目的。

(4)清理病枝,保证椒园卫生状况

实施轻修剪可有效抑制病虫害,当广安青花椒叶部病虫害严重时,可实施重修剪,移除携带虫害、病害的枝条。

80. 化学防治的原理是什么？

对病原生物有直接或间接毒害作用的化学物质统称为杀菌剂。使用杀菌剂杀死或抑制病原生物，对未发病的椒树进行保护或对已发病椒树进行治疗，防止或减轻病害造成损失的方法，称为化学防治。它具有高效、速效、使用方便、经济效益高等优点，但使用不当会对树体产生药害，引起人畜中毒，杀伤有益生物，导致病原生物产生抗药性。农药的高残留还会造成环境污染，当前化学防治是防治广安青花椒病虫害的关键措施。

在广安青花椒树病虫害的化学防治中，药剂种类繁多，作用机制也较复杂，但其防治原理基本分为以下 4 种。

（1）保护作用

在病原生物侵入寄主之前，使用化学药剂保护椒树或周围环境，杀死或阻止病原生物侵入，从而起到防治病害的作用，称为化学保护作用。施在植株表面，保护其不受侵染的药剂叫作保护剂。保护剂不能进入植株体内，对已经侵入的病原生物无效。为此，保护剂应在病原生物侵入之前使用，撒布时做到均匀、周到。

（2）治疗作用

当病原生物已经侵入植株或植株已经发病时，使用化学药剂处理植株，使体内的病原生物被杀死或受到抑制，或改变病原生物的致病过程，或增强寄主的抗病能力，称为化学治疗作用。用作化学治疗的药剂一般具有内吸性，而且可在植株体内传导，称为内吸治疗剂。

（3）免疫作用

植物化学免疫是将化学药剂引入健康植株体内，以增强植株对病原生物的抵抗力，从而起到限制或消除病原生物侵染的作用。如用乙硫氨酸或较高浓度的植物生长素处理植株，能促使细胞壁的组分与钙桥牢固交联，使细胞壁的中胶层不易分解，从而减轻各种腐烂病的症状。

（4）钝化作用

某些化学物质如金属盐、氨基酸、维生素、植物生长素、抗菌剂等进入植株体内后，能影响病毒的生理活性，起到钝化病毒的作用。病毒被钝化后，侵染力和繁殖力降低，危害性也减轻。有时钝化作用也可通过药剂影响寄主植物细胞的生理活动，从而达到防治效果。

81. 化学防治病虫害有哪些方法?

化学防治包括两个基本途径：一是对植株的防护性处理。一般是用适当的药剂处理植株或其生存环境，使害虫不能侵害植株。如播种前的药剂拌种（或种衣处理）、土壤药剂处理以及树干涂白等，残效性接触杀虫剂、拒食剂、驱避剂的使用也属此范畴，这类药剂应具有适当的残效期。二是对害虫的歼除。当害虫种群已在广安青花椒树上或其周围环境中形成，有可能或已经危害广安青花椒及其产品时，用速效性化学药剂歼除。此类药剂应具较高的击倒力和杀伤力，避免残效过长。在广安青花椒病虫害的化学防治中，最常使用的方法是喷雾，其次是种苗处理和土壤处理。

（1）喷雾

可湿性粉剂、乳剂、水溶剂等农药都可加水稀释到一定浓度，用喷雾器械喷洒。加水稀释时，要求药剂均匀分散在水内。喷雾时，要均匀、周到，使植物表面充分湿润。雾滴直径应在

200 微米左右，雾滴过大不但附着力差、容易流失，而且分布不均、覆盖面积小。喷雾的优点是药效快速、持久，防治效果较好，但工作效率低，并且需要一定的水源。

（2）种苗处理

在广安青花椒病虫害的防治上，进行种苗处理的方法主要是药剂浸泡。用药剂处理种子、果实、苗木、接穗、插条及其他繁殖材料，统称种苗药剂处理。一些病害可以通过带病的繁殖材料传播，因此繁殖材料使用前用药剂进行集中处理，是防治这类病害经济有效的方法。防治对象的特点不同，用药的浓度、种类、处理时间和方法也不同。例如，表面带菌的可用表面杀菌剂；病毒潜藏在表皮下或芽鳞内的，要用渗透性较强的铲除剂；潜藏更深的要用内吸性杀菌剂。

（3）土壤处理

药剂处理土壤的作用主要是杀死或抑制土壤中的病原生物，使其不能侵染危害。在广安青花椒生产上，土壤处理一般用于土壤传播的病害。土壤施药的方法，有表面撒施、药液浇灌、使用毒土、土壤注射等。表面撒施主要用于杀灭在土壤表面或浅层存活的病原生物；后三种主要作用于土壤中长期存活的病原生物。在较大面积上施用药剂成本较高，难以推广，因此目前主要用于苗床、树穴、根际土壤。

药剂处理土壤可使土壤物理、化学性质和土壤微生物群落发生变化。在进行药剂处理前，要详细分析，权衡轻重，不要贸然进行，以免带来不良后果。

除上述方法外，杀菌剂防治还有其他一些方法。例如用药液浸洗果实，用浸过药的纸张包裹果实，用浸过药的物品作为果品运输过程中的填充物，用药剂保护伤口，涂刷枝干防治某些枝干病害，树干涂白防止冻害，等等。

82. 怎样合理安全使用农药?

合理使用农药是搞好病虫害防治的关键措施之一，有效、经济、安全、简便是病虫害防治的基本要求，也是合理使用农药的准则，要避免盲目施药、乱施药、滥施药。

（1）对症下药

首先要明确防治对象，针对不同的防治对象选购不同的农药，弄明白是病害还是虫害；此外还要了解农药的性能、作用特点。根据病虫害发生种类和数量决定是否要防治，如需防治应选择正确的农药施用。不要看人家打药就跟着打，不要隔几天就防治一次 (打所谓的 "保险药")，更不要用错药。如咬食叶片的害虫可选用胃毒作用强的药剂；吮吸植物汁液的害虫宜选用内吸性药剂。

（2）适时用药

根据病虫害发生时期、病程进展和广安青花椒的生长阶段，选择最合适的时间用药，以最少的用量取得最好的防治效果为原则。施药过早或过晚，药效与病虫防治期不吻合，起不到控制病虫害的作用，而且造成农药浪费。最佳用药时间一般在病害暴发流行之前，以及害虫未大量取食或钻蛀危害前的低龄阶段和对药物最敏感的生长发育阶段。

（3）正确的喷洒方法

使用正确的喷洒方法，是确保防治效果的关键。应根据病虫害的发生特点以及农药本身的特点确定喷洒方法。广安青花椒很多病虫害都在叶子的背面，更重要的是植物 80% 以上的气孔都在叶子背面，所以要使农药和肥料能够很好地被植株吸收，就必须把农药和肥料喷施在叶背面。

（4）确定喷药时期

避免高温作业，夏季高温季节喷施农药，可在无雨及3级风以下的上午10时前或无露水的下午5时后进行。阴雨天气对施药不利，药液易被雨水冲刷而影响防治效果，故应尽量不在阴雨天喷药，天气晴朗后再施药。

（5）合理混用及轮换使用农药

合理混用农药可扩大防治对象，提高防治效果，防止或延缓病虫对农药的抗性，但应注意以下几个问题：①混用的农药彼此不能产生化学反应，以免分解失效；②应在田间现配现用；③混用不应增加对人、畜的毒性；④混用要求具有不同防治对象或不同作用方式，混合后可达到一次施药兼治多种病虫害的目的。

（6）注意农药安全间隔期

在使用农药之前，一定要仔细阅读农药标签上的说明，大于安全间隔期施药，确保农产品安全。如果不注意农药的安全间隔期，不仅会危害植株，而且还会影响食品安全，导致广安青花椒农药残留超标，影响消费者的身体健康。

83. 国家明令禁止使用的农药有哪些？

广安青花椒生产必须按照相关果品生产操作规程进行，在生产上禁止使用高残留、高毒和剧毒农药，禁止使用"三致"（致畸、致癌、致突变）作用的农药，禁止使用无"三证"（农药登记证、生产许可证、生产批号）的农药。

截至 2022 年 3 月底，我国已禁限用 70 种农药，包括禁止（停止）使用的农药（50 种）和在部分范围禁止使用的农药（20 种）。其中，禁止（停止）使用的农药有六六六、滴滴涕、毒杀芬、二溴氯丙烷、杀虫脒、二溴乙烷、除草醚、艾氏剂、狄氏剂、汞制剂、砷类、铅类、敌枯双、氟乙酰胺、甘氟、毒鼠强、氟乙酸钠、毒鼠硅、甲胺磷、对硫磷、甲基对硫磷、久效磷、磷胺、苯线磷、地虫硫磷、甲基硫环磷、磷化钙、磷化镁、磷化锌、硫线磷、蝇毒磷、治螟磷、特丁硫磷、氯磺隆、胺苯磺隆、甲磺隆、福美胂、福美甲胂、三氯杀螨醇、林丹、硫丹、溴甲烷、氟虫胺、杀扑磷、百草枯、2，4- 滴丁酯、甲拌磷、甲基异柳磷、水胺硫磷、灭线磷，其中 2，4- 滴丁酯自 2023 年 1 月 23 日起禁止使用。溴甲烷可用于"检疫熏蒸梳理"。杀扑磷已无制剂登记。甲拌磷、甲基异柳磷、水胺硫磷、灭线磷，自 2024 年 9 月 1 日起禁止销售和使用。

84. 杀虫剂有哪些种类?

杀虫剂的种类很多，对害虫的作用各不相同，按其作用方式可分为以下几类：

（1）胃毒剂

通过害虫的消化系统进入虫体，使其中毒死亡的药剂，主要用来防治以咀嚼式口器咬食、啃食、蛀食的害虫。

（2）触杀剂

通过接触害虫表皮渗入虫体，使其中毒死亡的药剂，如溴氰菊酯等。

（3）内吸剂

通过植物的叶、茎、根部吸收进植株体内，在植株体内输导、散布、存留或产生代谢物，在害虫取食植株组织或汁液时，使其中毒死亡的药剂，主要用来防治刺吸式口器害虫。

（4）熏蒸剂

以气体状态通过害虫呼吸系统进入虫体内，使其中毒死亡的药剂，主要用来消灭苗木害虫和贮藏害虫，以及仓库种子害虫，如硫酰氟等。

（5）诱致剂

本身基本没有毒杀害虫的作用，但能引诱害虫前来，以便集中消灭的药剂，如昆虫性引诱剂、糖醋液等。

（6）拒食剂

害虫取食后能破坏其正常生理机能，消除食欲，以致饥饿死亡的药剂，如拒食胺等。

（7）不育剂

害虫经过取食或接触一定剂量后，可使其所产的卵不能孵化的药剂，如六磷胶、喜树碱等对家蝇有显著的不育效应。

（8）昆虫生长调节剂

通过扰乱昆虫的正常生长发育，使其生活能力降低或死亡的药剂，如昆虫几丁质合成抑制剂除虫脲等。

85. 广安青花椒根腐病如何防治？

广安青花椒根腐病常发生在苗圃和成年椒园中，是由镰饱菌、腐霉菌等多种病原菌引起的一种土传病害。发病一般从根尖或根伤口处开始。高温雨季发病最快，危害也大。发病初期树体无明显症状。此病以预防为主，发病后很难治愈。

（1）症状

受害部位的木质部为黑色，并且会腐烂，散发出浓烈的异臭味。根部的皮会从其木质部剥离下来，主根、侧根和须根均会腐烂，可沿着主根向地上部的根茎部位扩展。同时树冠部分枝条发育不佳，叶片偏小，颜色呈黄色，甚至会导致全株死亡（彩图20）。

（2）发病规律

根腐病主要是由土壤环境问题引起的。如长期大量偏施化肥，不重视有机肥及微量元素的施入，有益微生物失去生存环境，有害菌大量繁殖，根系受病菌侵害；另一方面，土壤酸化板结，抑制了根系的生长，根系活性变差，加之地下害虫蛴螬、金针虫咬伤根系，造成伤口，病菌以菌丝和分生孢子从伤口侵入而发病。连续降雨导致土壤积水，沤根，土壤透气性变差，根系长时间处于无氧呼吸状态，使部分根系窒息死亡、腐烂，易被病菌感染。该病一般从4月至6月开始侵染发病，6月至8月最严重，10月下旬基本停止蔓延。

（3）防治方法

①土壤管理。深翻土壤，增施有机肥，合理搭配磷肥、钾肥，施入生物菌肥或充分发酵腐熟的动物粪便，使用量以椒树大小、肥料的种类和含量而定，加少量的微量元素可提高防治效果。未发酵好的动物粪便绝对不能施入，会加重根腐病的发生。同时，做好排水工作，使椒园无积水。若土壤偏酸，可以每亩施入50千克左右的石灰调整酸碱度，撒入地里进行翻锄。

②植株养护。在栽植前对广安青花椒苗进行消毒，可用根腐灵、恶霉灵、粉绣宁、嘧菌酯加水浸泡3小时；在发病后将死亡

的椒树挖出烧掉，树坑用生石灰消毒，并晾晒；对没有发病的椒树可用药剂全园灌根预防，可选用15%粉锈宁600~1 000倍液浸根，并通过合理修剪，健壮树势，增强抗病能力；受到根腐病危害的椒树，应扒土晾晒病根，对有根瘤病害的应割除根瘤、晾根、灌药杀菌，用15%粉锈宁300~600倍液灌根，1年3次。另外根腐净、50%福美双、58%甲霜灵锰锌也可用于防治该病。

86. 广安青花椒炭疽病如何防治?

炭疽病是由胶孢炭疽菌引起的一种系统性病害，俗称黑果病。该病常危害广安青花椒果实、叶片以及嫩梢。

（1）症状

果实表面形成黑色或深褐色凸起的圆形或近圆形病斑，严重时一个果实可有3~10个病斑，果穗整体变黑，造成果实脱落，一般减产5%~20%，有的甚至高达40%，严重影响广安青花椒的产量和品质。发病初期，果实表面有数个褐色小点，呈不规则状分布；发病中期病斑逐渐变成圆形或近圆形、中央凹陷，呈深褐色或黑色；发病后期天气干燥时，病斑中央呈灰色或灰白色，有许多排列成轮纹状的黑色或褐色小斑点，如遇高温阴雨天气，病斑上的小黑点呈粉红色小凸起。病害可由果实向新梢、嫩叶扩展（彩图21）。

（2）发病规律

病原菌以菌丝体或分生孢子在病果、病叶及枝梢上越冬，成为来年首次侵染源。第二年5月初在温度和湿度适宜时，病原菌产生孢子，借风、雨和昆虫传播，引发病害，一年中能发生多次侵染。该病每年5月下旬至7月上旬开始发生，6月为发病高峰。椒园通风透光差、树势弱、高温高湿是炭疽病发生流行的主要诱因。

（3）防治方法

①物理方法。及时清除病残体，集中烧毁，以减少病菌来源；修除树上病枯枝、落果，集中深埋或高温沤肥；降雨后及时排水，提高椒树生长势，增强抗病力；增强椒园通风透光性。

②化学防治。冬季结合清理椒园，喷施1次3～5波美度石硫合剂或45%晶体石硫合剂100～150倍液；发病初期用37%苯醚甲环唑5克+80%代森锰锌（或25%咪鲜胺）10毫升75%百菌清20克兑水15千克，进行叶面喷雾，连续2～3次，可有效控制病害发生和蔓延，可结合保果、壮果同时进行。

广安青花椒炭疽病并不可怕，只要防治及时就可补救，因此应尽量降低炭疽病对广安青花椒产量的影响。

87. 广安青花椒锈病如何防治？

锈病是广安青花椒的第一大病害，危害叶片。若出现连续降雨加高温天气，该病会出现大面积暴发。

（1）症状

发病初期，在叶子正面出现2～3毫米水渍状褪绿斑，叶背面病斑褪绿部分有淡黄色圆形点，随病斑的扩大，发展成黄褐色疱状物，即夏孢子堆，球状排列，个别散生，直径4～9毫米。秋季在病叶背部出现近胶质的冬孢子堆，橙红色，圆形或长圆形，凸起但不破裂，呈球状或散生排列（彩图22）。

（2）发病规律

该病病原菌主要以夏孢子、冬孢子的形式分别在落叶或树体上越冬，并成为初期侵染源。早春，当气温上升至13℃时，孢子开始萌发，17～26℃的气温，是该病发生的适宜温度。此时，如果空气相对湿度在80%以上，即产生夏孢子堆，并以此作为再侵染源，重复侵染，一般一年可侵染6～8次。

该病一般在5月底至6月初开始发生，首先感染通风透光不良的树冠下部叶片，以后逐渐向树冠上部扩散。6月中旬至9月中旬即造成部分叶片脱落，9月中旬至10月上旬达到发病高峰期，11月上旬后病菌陆续进入越冬期。此外，阴雨潮湿天气发病严重，少雨干旱天气发病较轻，在发病季节多雨或植株过密的地块感病严重。第2次萌发的新叶仍可染病，产生新的夏孢子堆。

（3）防治方法

①人工防治。加强抚育管理，及时松土除草，适时合理施肥灌水，科学修剪，促进和改善株间和树冠内的通风透光，促进树体生长，增强树体抗病能力。

②药剂防治。发病后最好在症状出现的当天立即喷施三唑类杀菌剂。有关研究表明，锈病表现出症状后，每过1天药剂的防治效果降低20%。症状出现3天后，控制病情扩展的难度成倍增加。

在5月中旬左右，可用600倍15%粉锈宁、800倍70%代森锰锌和1 000倍70%甲基托布津进行预防，3种药剂可交替使用；在锈病严重发生时，可交替使用600～1 000倍的25%粉锈宁和70%甲基托布津。

88. 广安青花椒膏药病如何防治?

膏药病俗称黑膏药病,是广安青花椒种植过程中最常见的一种病害,常发生在盛果期,主要危害树干和枝条,导致树干或枝条枯死,挂果少,结果小。

（1）症状

该病发生时,树干和枝条上呈现圆形或不规则形的菌膜,紧贴在椒树枝干上。颜色最初为灰白色、浅褐色或黄褐色,后变为紫褐色,中部常有龟裂纹,后期可剥落或自行脱落。该病轻者使枝干生长不良,挂果少;重者导致枝干枯死（彩图23）。

（2）发病规律

该病的发生与介壳虫有密切的关系,菌丝以介壳虫的分泌物为养料。介壳虫也常常由于菌膜的覆盖而得到保护,在雨季和潮湿的地方病菌的孢子还可通过虫体的爬行而传播蔓延。在介壳虫危害严重的椒园,膏药病发生较多,在枝叶茂盛、通风透光不良、土壤黏重排水不良、空气潮湿的椒园也易发生。

（3）防治方法

控制栽培密度,尤其是在盛果期老熟椒园,过于阴蔽应适当间伐。避免枝叶间的互相交错,形成阴蔽潮湿地段,为膏药病的发生提供条件。

做好修剪,及时剪除病虫枝、过密枝,除去枯枝落叶,降低椒园湿度。同时用刀刮除树上菌膜,达到防治的目的。

加强介壳虫的防治。介壳虫虫体小,危害部位隐蔽,因此,必须坚持早防治,防治要细致均匀,不留死角。

用刀刮去菌膜,涂上20%石灰乳或用5%石硫合剂喷洒树体及病斑。

总的来说，膏药病作为广安青花椒种植过程中最为常见的病害之一，其危害特征及防治方法一定要熟练掌握，要采取及时、有效的防治措施，以此保障广安青花椒的高产。

89. 广安青花椒煤污病如何防治？

该病又叫煤烟病、烟煤病，主要危害广安青花椒的叶片、嫩梢和果实。

（1）症状

发病初期在叶片表面产生一层暗灰色霉斑，发病中期霉斑变为黑褐色，似烟熏状，霉层覆盖整个叶片、果穗，随着霉斑的扩大、增多，黑色霉层上散生黑色小粒点，霉层增厚成为煤烟状，故称煤烟病。霉层影响叶片光合作用，从而影响花椒的正常生长发育，造成减产。同时煤烟病严重污染青花椒果面，降低其品质（彩图24）。

（2）发生规律

该病多伴随蚜虫、介壳虫的发生而发生，以蚜虫、介壳虫等害虫的分泌物为营养，属蚜虫、介壳虫防治不力的转主次生的真菌性病害。此病以菌丝体、分生孢子器和闭囊壳等在病部越冬，翌年6月下旬在温湿度适宜的条件下，一般25℃以上的高温天气时一旦遇到降水就会繁殖出孢子，并借风雨传播至寄主（广安青花椒树）上，以蚜虫等害虫的分泌物为营养，生长繁殖，并辗转传播侵染危害。蚧壳虫、蚜虫等害虫分泌物是诱发煤烟病的重要因素，同时栽植过密、通风透光性差、荫蔽潮湿等条件下，煤烟病会加重发生。

（3）防治方法

①农业防治。合理修剪，保持园内通风透光，抑制病菌的生长、蔓延。同时防止枝条过软，结果后下垂拖地，因湿度过大诱发煤污病。

②预防为本。前期采用氟啶·吡虫啉等长效杀蚜剂，及时防治蚜虫、介壳虫等刺吸式口器的害虫，消除病菌营养来源，抑制病害发展，这是预防该病的根本措施。

③化学药剂防治。蚜虫发生时，用15%吡虫啉或啶虫脒1 000倍液喷施；蚧壳虫发生时，喷施波美5度石硫合剂或45%晶体石硫合剂100倍液；喷施70%甲基托布津或50%多菌灵600～800倍液。

90. 广安青花椒蚜虫如何防治？

蚜虫又称腻虫、蜜虫等，是一类植食性昆虫，多属于同翅目蚜科，为刺吸式口器的害虫，常群集于叶片、嫩茎、花蕾、顶芽等部位，刺吸汁液，使叶片皱缩、卷曲、畸形，严重时引起枝叶枯萎甚至整株死亡。蚜虫分泌的蜜露还会诱发煤污病。椒树是蚜虫的第二大寄主，因此，控制蚜虫的有效繁殖成了病虫害防治的重中之重。蚜虫的天敌有瓢虫、食蚜蝇、寄生蜂、草蛉等。

（1）形态特征

蚜虫为多态昆虫，有时被蜡粉，但缺蜡片，触角6节，少数5节，罕见4节，圆形，罕见椭圆形；腹部大于头部与胸部之和，前胸与腹部各节常有缘瘤；身体半透明，大部分是绿色或白色，分有翅、无翅两种类型（彩图25）。

有翅胎生雌蚜：体长1.2～1.9毫米，虫体黄色、淡绿色或深绿色，触角比身体短，翅透明，中脉三分叉。

无翅胎生雌蚜：体长 1.5 ~ 1.9 毫米，虫体有黄色、黄绿色、深绿色、暗绿色等，触角为体长的 1/2 或稍长。前胸背板的两侧各有 1 个锥形小乳突。腹管黑色或青色。

卵：椭圆形，长 0.5 ~ 0.7 毫米，初产时为橙黄色，后转为深褐色，最后为黑色，有光泽。

有翅若蚜：夏季为黄褐色或黄绿色，秋季为灰黄色，2 龄虫出现翅芽，翅芽黑褐色。

无翅若蚜：夏季体色淡黄，秋季体色蓝灰或蓝绿。

（2）发生规律

蚜虫一年可繁殖 20 ~ 30 代，以卵在椒树上寄生越冬，翌年 3 月孵化，在树上繁殖 2 ~ 3 代后，产生有翅胎生蚜，有翅蚜 4 ~ 5 月寄生在其他树上产生后代并产生危害，8 月又迁飞至椒树上第 2 次取食危害。10 ~ 11 月产生有性蚜，迁飞各处危害，交配后将卵产在椒树枝干、裂缝处及杂草根部越冬。有些卵会被蚂蚁从枝干上带回洞中保存，来年转暖时又送回椒树上。

（3）防治方法

①秋、冬季将树干基部刷白，防止蚜虫产卵，剪除被害枝梢，集中烧毁，降低越冬虫卵数量；春季白天气温稳定在 15℃以上时，选用 3 ~ 5 波美度石硫合剂全园喷施，以消灭树体上残留的病虫。

②保护蚜虫的天敌，利用天敌防治蚜虫。早晨用捕虫网捕捉七星瓢虫等的成虫和幼虫，放置于椒园内，维持瓢蚜比为 1：200，也可在树上喷洒蔗糖水以引诱七星瓢虫等蚜虫天敌。

③在 4 月成蚜、若蚜发生期，在上午 10 点至下午 3 点之间，用 25% 吡虫啉乳剂 2 000 ~ 2 500 倍液或 50% 灭蚜净乳剂 4 000

倍液喷洒树冠，每隔 10 天喷 1 次，连续喷洒 2 ~ 3 次；发现大量蚜虫时，及时喷施农药，用 50% 马拉松乳剂 1 000 倍液，或 50% 杀螟松乳剂 1 000 倍液，或 50% 抗蚜威可湿性粉剂 3 000 倍液，或 2.5% 溴氰菊酯乳剂 3 000 倍液，或 2.5% 灭扫利乳剂 3 000 倍液，或 40% 吡虫啉水溶剂 1 500 ~ 2 000 倍液等，喷洒植株 1 ~ 2 次，交替用药杀虫效果会更好。

91. 广安青花椒介壳虫如何防治？

介壳虫是同翅目蚧总科危害青花椒的蚧类统称，俗称"白燕"，包括草履蚧、桑盾蚧、杨白片盾蚧、梨园盾蚧等。它们依靠特有的刺吸性口器，吸食植物芽、叶等汁液，当树体受害后，可见广安青花椒枝干上有密集的白色粉末状物。危害严重时，整株枝干密集分布雌成虫白色介壳或是雄虫白色絮状蛹壳，层层重叠连在一起，根本不能看见树皮。寄生蜂、瓢虫、草蛉等是其天敌。

（1）形态特征

体型多较小，雌雄异型，雌虫固定于叶片和枝干上，体表覆盖蜡质分泌物或介壳。

卵：椭圆形，长径 0.2 ~ 0.3 毫米。初产淡粉红色，渐变淡黄褐色，孵化前为橘红色。

若虫：扁卵圆形，淡黄褐色，体长 0.3 毫米左右。触角 5 节，腹末端具 2 根尾毛。两眼间有 2 个腺孔，分泌棉絮状毛覆盖身体。脱皮后眼、触角、足、尾毛均退化或消失，开始分泌介壳，第 1 次蜕皮覆于介壳上，称壳点。

成虫：雌成虫介壳圆形，中央隆起、白色，直径 2.0 ~ 2.5

毫米，壳点黄色，位于介壳正面中央稍偏旁。壳下虫体呈心脏形，上下偏平，体长约 1.0 毫米，淡黄或橘红色，臀板区深褐色，分节明显，节喙略突出。雄成虫介壳鸭嘴状，长 1.3 毫米，壳点橘红色，位于端首，其余部分蜡质洁白色（彩图 26）。

（2）发生规律

1 年可发生多代，喜欢阴蔽温暖潮湿地，广安青花椒的叶、芽、枝干均可受害。发病高峰期第一次在 5 月至 6 月上旬，第二次在 7 月中下旬至 9 月上旬。

（3）防治方法

①农业防治。冬季清园，清除枯枝落叶和杂草并集中销毁，减少介壳虫越冬场所；加强椒园管理，及时施肥、灌水、除草、修剪，增强树势，创造不利于介壳虫活动的环境。

②生物防治。介壳虫在自然界有很多天敌，如一些寄生蜂、瓢虫、草蛉等，可以保护天敌，以控制其数量。

③化学防治。在广安青花椒采收后用 45% 毒死蜱乳油 800 倍 +97% 矿物油 150 倍喷施，树干有青苔的可加入 80% 乙蒜素乳油 1 500 倍，将喷雾器喷头扭松或加定向喷头，对树干覆盖介壳虫部位彻底喷湿喷透，让药液充分渗透。重点喷洒树枝树干。也可在广安青花椒采收后用刷子擦刷树干或枝条上的雌虫和茧内雄蛹，再配合化学防治，效果更好。

另外，在若虫初期，用石硫合剂原液涂刷树干部危害区域或使用 40% 啶虫毒死蜱 100 倍喷施，间隔 7 ~ 10 天，连续喷 2 ~ 3 次。或选用以下一种进行喷雾：45% 晶体石硫合剂 50 ~ 200 倍液、50% 马拉硫磷乳油 500 倍液、22% 克螨蚧乳油 1 000 倍液。

92. 广安青花椒红蜘蛛如何防治?

红蜘蛛别名山楂叶螨,属蜱螨目叶螨科。其多以成螨、幼螨和若螨的方式在椒树叶片背面和萌芽上刺吸汁液。萌芽被害后幼芽生长受阻,叶片受害后失绿,形成密集的小斑点,继而扩大连片,致叶片枯黄、脱落,影响广安青花椒的产量和品质。

(1)形态特征

成虫:雌成虫虫体卵圆形,长0.55毫米,体背隆起,有细皱纹,有刚毛,分成6排。雌虫有越冬型和非越冬型之分,前者鲜红色,后者暗红色。雄成虫虫体较雌成虫小,约0.4毫米(彩图27)。

卵:圆球形,半透明,表面光滑,有光泽,橙红色。后产期颜色渐渐浅淡。

幼虫:初孵化为乳白色,后变为淡绿色,圆形,有足3对。

若虫:体近卵圆形,有足4对,翠绿色。

(2)发生规律

一年发生6~9代,以受精雌成虫越冬。当广安青花椒发芽时开始危害。第一代幼虫在花序伸长期开始出现,盛花期危害最盛。交配后产卵于叶背主脉两侧。红蜘蛛也可孤雌生殖,其后代为雄虫。每年该害虫发生的轻重与该地区的温度和湿度有很大的关系,高温、干旱更易发生。

(3)防治方法

①加强椒园管理,在椒树萌芽前,彻底刮除树干老皮、粗皮、翘皮,清除椒园内的枯枝、落叶、杂草,并集中深埋或烧毁,消灭害螨越冬场所;在芽体膨大期用石硫合剂喷洒树干及周

围地面，把越冬成虫消灭在产卵之前。

②利用害螨天敌如捕食螨类、瓢虫等控制其数量，田间尽量少用广谱性杀虫剂，以保护天敌。

③在该害虫发生初期（叶虫量3～5头时）应及时防治，低毒、持效期长农药的防治效果最好，可选用24%螨危4～5毫升，或1.8%刀刀红8毫升兑水15千克喷施树冠，在3～6月和9～11月各防治一次；虫口基数较大（叶虫量在10头以上）时可选用24%螨危5毫升+1.8%刀刀红8毫升兑水15千克喷施树冠；也可用20%哒螨灵粉剂6克兑水15千克，喷雾防治3～4次；或在关键的4～5月害螨盛孵期、高发期，用25%杀螨净500倍液+73%克螨特3 000倍液防治。

93. 广安青花椒食心虫如何防治？

食心虫即蓝桔潜跳甲，广安青花椒开花期是其成虫的活动盛期，产卵在花序中，初孵幼虫潜居在嫩籽内，危害椒树幼果，造成落果，严重者可减产30%～50%。

（1）形态特征

食心虫成虫体长5～6毫米，是暗褐色或黄褐色的小蛾，前翅有光泽、黄褐相间，后翅前缘银灰色，其他部位暗褐色。其幼虫淡黄白色，长椭圆形，蛹长约7毫米，总共有4龄，幼虫半透明淡褐色；老熟幼虫圆筒形，鲜红色，部分橙黄色，体长8～10毫米（彩图28）。

（2）发生规律

3月下旬至4月中旬是食心虫成虫的活动盛期，成虫产卵在花序中，初孵幼虫潜居在嫩籽内危害，造成广安青花椒落果。

（3）防治方法

用10%阿维·氟酰胺悬浮剂15毫升兑水15千克喷施树冠，只需喷洒1次即可防治食心虫危害，也可用20%氯虫苯甲酰胺悬浮剂5毫升兑水15千克喷施树冠1次进行防治。

94. 广安青花椒天牛如何防治？

天牛的种类较多，危害广安青花椒的主要是虎天牛、星天牛、橘褐天牛、红颈天牛等。成虫咬食椒树枝叶，危害较轻；幼虫钻蛀树干，上下蛀食，引起树木枯死，造成减产，危害惨重。

（1）形态特征

成虫：体长28～39毫米，体色为亮黑色。前胸、背板左右各有1枚白点。翅鞘散生许多白点，白点大小个体差异颇大。雄虫触角倍长于体长，雌虫触角稍长于体长。

卵：长圆筒形，长5.6～5.8毫米、宽3毫米，中部稍弯，初产乳白色，孵化前暗褐色。

老熟幼虫：体长38～60毫米，乳白色至淡黄色。头部褐色，长方形，中部前方较宽，后方溢入。额缝不明显，上颚较狭长，单眼1对，棕褐色。触角小3节，第2节横宽，第3节近方形。前胸略扁，前胸背板前方两侧各有一黄褐色飞鸟形斑纹，后半部有一块同色的凸形大斑，微隆起。

蛹：长28～33毫米，初期乳白色，羽化前黑褐色。

（2）发生规律

天牛主要危害椒树树干、树枝，成虫体色黑褐色，白天隐藏在暗处，黄昏后爬出活动、交配、产卵，卵产于树皮裂缝或伤口处。初孵椒树幼虫先在皮下蛀食，6周后即蛀入木质部。4～6

月是天牛成虫羽化期，5月上中旬和7月上中旬是成虫发生高峰期，应及时防治。

（3）防治方法

天牛的防治以预防为主，在发生初期即5月上中旬和7月上中旬可选用以下防治方法。

①捕杀成虫。利用成虫的趋光性，于6～7月傍晚，持灯到树下捕杀成虫。

②消灭幼虫。在流有黄褐色液体的被害部位，用小刀挑开，刺杀幼虫。

③药剂防治。按蛀道大小，用细铁丝将木屑、虫便剔净后，再用注射器向蛀道内注入对树无损害的强力灭牛灵乳剂，然后用泥封口；或在其羽化盛期喷1 000倍的2.5%敌杀死或20%菊杀乳油，800倍15%吡虫啉微胶囊剂或40%噻虫啉可湿性粉剂。

④对被害的死树要及时挖除烧毁，彻底消灭虫源。

95. 广安青花椒蚂蚁如何防治？

蚂蚁属于昆虫纲膜翅目，通常与椒树上的蚜虫互利共生，所以防治好蚜虫也是减轻蚂蚁对椒树危害的有效手段。蚂蚁以危害椒树树干及树基的皮层为主，严重时会造成椒树死亡。

（1）形态特征

蚂蚁的身体分为头、胸、腹三部分，有6足，体壁薄且有弹性，有膜翅，硬而易碎。

有性及无性雌蚁的触角是膝状，雄蚁触角简单，为4～13节。复眼小，退缩，偶有完全缺如。单眼3只，位于头顶，工蚁或无单眼。口器发达，上唇退化，上颚有各种形状，下颚正常，有 1 ~ 6 节。内颚叶简单。下唇有须，亚颏，有中唇舌和 2 个小的侧唇舌，下唇舌 1 ~ 4 节。

胸部分明，第一腹节并胸腹节与后胸相愈合而伸长。腹部位于并胸腹节之后，腹部前端显著缢缩成腹柄。腹柄为 1 节或 2 节，如有 2 节，其第 2 节称为后腹柄。每节上有 1 个或 2 个背瘤，或有直立的或倾斜的鳞片。柄后节膨大形成腹部，由 7 ~ 8 节组成，雄蚁较雌蚁多 1 节。腹部有气孔 8 对。蚂蚁的若干属有摩擦发音器，由后腹柄上的一个锉与柄后节第一节上的摩擦面构成。

（2）发生规律

广安青花椒树上蚜虫的发生与蚂蚁的活动密不可分。蚂蚁喜欢取食蚜虫排泄的蜜露，蚜虫需要蚂蚁提供安全的取食环境。

3 月下旬，蚂蚁将尚未孵化的蚜虫卵放置于广安青花椒嫩叶上，定期巡逻，赶走椒树上捕食蚜虫的瓢虫等天敌昆虫。待到蚜虫若虫取食广安青花椒叶片一段时间后，蚂蚁会拍打蚜虫腹部，促使蚜虫排出新鲜蜜露供蚂蚁食用。5 月初，气候环境适宜蚜虫生长，椒树上蚜虫种群和数量急剧上升，蚂蚁会选择性地保护部分健壮蚜虫，令其继续提供蜜露，并将多余的蚜虫转移到其他未被蚜虫取食的广安青花椒叶片上。在此过程中蚂蚁不断危害椒树树干。

（3）防治方法

①物理防治。及时清园，拔除杂草，减少蚜虫越冬场所；可间作一些农作物来吸引七星瓢虫和食蚜蝇安家，也可以用黄粘板等物理方式诱捕蚜虫。

②非农药防治。用洗衣粉治蚜虫，配方为 0.5 千克洗衣粉兑水 400 千克，喷洒叶片背面、嫩枝端等，经 24 ~ 48 小时后，蚜

虫死亡。蚜虫危害严重时，3 天喷 1 次，连续喷 3 次，杀虫率可为 95% ～ 100%。喷洗衣粉后可在蚜虫体表形成一层胶质薄膜，封闭气孔，使之窒息而死。

③化学防治。在椒树萌芽前喷 5 波美度石硫合剂，杀死枝条粗皮裂缝处的卵；或用 2.5% 敌杀死 12 毫升，或 25% 克明特 10 毫升，或 40% 黑金占 15 毫升兑水 15 千克喷施椒树主干基部进行防治。

96. 广安青花椒凤蝶如何防治?

凤蝶，俗称猪儿虫，是鳞翅目凤蝶科凤蝶属昆虫。该害虫发生期在 7 ～ 10 月，幼虫取食嫩芽和叶片，降低叶片的光合作用，阻碍枝梢正常生长，引起椒树生长衰弱，造成减产。其天敌有赤眼蜂、广腿小蜂、金小蜂等。

（1）形态特征

成虫：分为春型和夏型两种，夏型比春型体型稍大，两型翅面斑纹相同，黄绿色、暗黄色，前胸至腹部背面有一个宽 2 ～ 3 毫米的黑色背中线，两侧黄白色，翅面黑色，翅中间从前缘至后缘有 8 个渐大的一列黄色斑纹，翅基部有 6 条放射状黄色点线纹，中室上方有 2 个黄色新月形斑。后室黑色，外缘有波状黄色线纹，亚外缘有 6 个黄色新月形斑，基角处有 8 个黄斑，中脉第 3 支脉向外延伸呈燕尾状，臀角上有橙黄色圆形斑，斑内有一黑点，有尾突（彩图 29）。

卵：近球形，初产时黄白色，后变深黄色，孵化时变成黑褐色。

幼虫：初孵幼虫淡紫色，2 ～ 4 龄幼虫黑褐色，有白色斜带纹，极似鸟粪，老熟幼虫黄绿色，体长可达48毫米，体上有突起肉刺，后胸两侧有蛇形眼线纹，臭腺角呈橙黄色（彩图29）。

蛹：体长28～32毫米，纺锤形，浅绿色至褐色，体色常随环境而变化，前端有2个尖角。

（2）发生规律

凤蝶一年发生多代，以蛹在枝条、叶背等处越冬。成虫白天活动，飞翔能力强，中午或黄昏前活动最盛。卵散产于嫩芽、叶缘或叶背上。卵期为6～7天。幼虫孵化后先食卵壳，而后取食芽和嫩叶，直至成熟叶片。共5龄，随虫龄增大，食量大增，老熟幼虫1天可食数张叶片。成熟后在隐蔽处吐丝作垫，以尾趾钩抓住丝垫，吐丝在腹间环绕成带，缠在枝上化蛹。蛹多与枝叶同色，起保护作用。

（3）防治方法

①人工防治。幼虫和蛹出现后，及时利用成虫的趋光性用黑光灯诱杀成虫；休眠季节清理椒园，消灭越冬蛹，减少来年害虫的繁殖基数。

②药剂防治。夏季幼虫孵化后，在椒树树冠喷洒95%敌百虫晶体800～1 000倍液或50%辛硫磷乳油1 500倍液，其杀虫效果在90%以上。

③保护与利用天敌。有条件的地方应人工饲养繁殖天敌，在椒园内释放，能起到一定的控制作用。

十、广安青花椒绿色、有机食品生产技术

97. 广安青花椒生产规则包括哪些内容?

（1）环境条件

生产基地应选择相对集中连片、土壤肥沃、有机质含量在2%以上，水体条件优越、空气清洁，5公里内无污染源存在，其园地环境质量（大气、灌溉水、土壤）便于管理，水、电、交通方便的地方。

（2）栽培技术

①栽植时间为秋季落叶或春季萌芽前。

②栽植密度根据当地环境条件、技术水平确定，一般矮化密植园株行距2米×3米，林粮间作园3米×4米。

③整地时间为11月至次年3月，穴状整地，将表土和心土分别堆放，每穴用腐熟农家肥25～30千克，与表土充分混合均匀后回填入栽植穴，心土回填入栽植穴上层。

④栽植前剪除烂根、伤根，栽植时打泥浆，做到"三埋二踩一提苗"，扶正苗木，舒展根系，苗木根颈高于地表2～3厘米。

（3）土肥水管理

①土壤管理。为了促进幼树生长发育，应及时除草和松土。幼龄椒园可选用低秆的豆科作物或绿肥间作，代替松土除草。未间作的椒园可根据杂草情况每年4月下旬和8月中旬松土除草，松土除草次数视具体情况进行3～4次。成龄树的土壤管理主要是翻耕熟化土壤，春、夏、秋三季均可深耕，春季萌芽前进行，夏秋两季雨后进行，并结合施肥将杂草埋入土内。应从定植穴处逐年深耕，深度以40～60厘米，宽50厘米左右为宜，防止损伤直径1厘米以上的粗根，每年进行2次。

②施肥技术。施肥量要根据土壤肥力、广安青花椒生长状况和不同时期广安青花椒对养分的需要而定，以有机农家肥为主，少施化肥，多采用放射状施肥和环状施肥。

③灌水。3～4月结合春季施肥、松土，灌好萌芽水和壮果水；5月果实迅速进入生长期，需要大量的水分，如遇干旱应及时浇水；10～11月初结合秋季施基肥灌一次水。

（4）整形修剪

根据当地气候条件、椒园土壤条件和管理水平进行整形修剪，主要解决树体通风透光，防止结果部位外移，调节生长与结果的关系，保持优质丰产树形。

（5）病虫害防治

贯彻"预防为主，科学防控，依法治理，促进健康"的方针。按照病虫害发生规律和经济阈值，科学使用化学防治技术，有效控制病虫害。采用物理防治、生物防治与化学防治相结合的综合防治原则。严格执行国家规定的植物检疫制度，禁止检疫性病虫害传入。加强栽培管理，增强树势，提高树体自身抗病能力；及时采收、除草、松土、修剪和冬季翻土、清园等，减少病虫源。改善椒园生态环境，保护和利用天敌资源，提高椒园病虫自控能力。严禁使用国家禁止使用的农药；有限制地使用低毒、低残农药，并按 GB/T 8321.1 的要求控制使用量和安全间隔期。

（6）采收

适时采收，严禁过早采收，以保证果品的最佳质量。

（7）包装与贮运

采用全新无污染的编织袋或麻袋包装。运输工具必须清洁、无污染物，不得与有毒、有害物品混运。存贮场所应阴凉、干燥、通风、防雨、防晒、无毒、无污染源。

98. 生产广安青花椒应具备什么条件？

（1）建立生态环境良好的广安青花椒生产基地

广安青花椒生产基地应规划在无污染、交通方便、水源充足、劳动力丰富的地区，一定要选生态环境较好的基地，周围不能有工矿企业，远离城市、公路、车站等交通要道，以免有害物质污染。椒园内要清洁，不得堆放工矿废渣，禁用工业废水、城市污水灌溉，以防重金属等有害物质对椒园土壤和灌溉水造成污染。

（2）制定规范的广安青花椒生产技术规程

广安青花椒的整个生产过程都应精细化管理，包括高标准建立基地、土肥水管理、整形修剪、病虫害防治、及时采收、果实分级、包装、贮藏与运输过程，都应制定一套科学实用、容易操作的生产技术规范或操作规程。

（3）做好病虫害综合防治，加强农药管理

广安青花椒尽量选用农业综合防治、物理防治和生物防治方法，减少化学农药的使用。农业综合防治即通过调整树间密度、合理施肥、及时排灌、科学修剪、冬季清园，减少病虫害的发生；物理防治包括在椒园内安装黄板，冬季树干涂白，人工捕杀害虫等方法；生物防治一般采取以虫吃虫的方法，比如瓢虫吃蚜虫，保护和利用天敌，充分发挥天敌的自然控制作用；在农药的选择上要大力推广使用生物制剂和高效、低毒、低残留化学农药，控制使用中等毒性农药，严禁使用高毒、高残留农药，并参照科学使用方法，严格控制用药次数和总量，尽量减少化学农药的使用。

（4）科学施肥

广安青花椒施肥的原则是多施有机肥，合理使用无机肥，采取测土配方、专用肥料、水肥一体化等技术减少无机肥的使用量和提高广安青花椒对无机肥的吸收效率。广安青花椒施肥以使用腐熟的有机肥为主，无机肥为辅。选用的有机肥必须要符合农业行业标准关于有机肥料中对重金属限量指标的规定，选择有实力、有信誉的大企业生产的有机肥料，从源头控制广安青花椒的食品安全。无机肥不是完全不使用，应在广安青花椒对肥料需求旺盛的时期适量使用。广安青花椒栽培施肥主要有施基肥和追肥，重施基肥，施好追肥，追肥要结合中耕除草进行。

（5）果实品质与包装运输

广安青花椒果实外观和品质要好，要颜色黄绿、均匀有光泽，麻味浓烈、持久纯正，睁眼、粒大、油腺突出，无霉粒、黑粒、杂质极少，经检测，农药、重金属等有害物质残留量符合国家标准。广安青花椒包装材料、库房、运输工具要清洁、无异味、无污染物。

99. 土壤中有哪些常见的污染物质?

土壤中的污染物质一般指影响土壤正常作用的外来物质,这些物质通过改变土壤的主要成分,影响树体生长,从而影响果实质量。当有害物质通过果实进入人体后会影响人体健康。一般来说,当土壤中有害物质含量达到一定数值时,就会被植物吸收,在果实中累积,继而危害人体健康。造成土壤污染的污染物质主要有以下几类。

(1)有机物类

污染土壤的有机物主要是有机化学农药和除草剂等,如有机氯农药六六六、DDT 和艾氏剂等;有机磷农药对硫磷和马拉硫磷等;氨基甲酸酯农药或除草剂;苯氧羧酸类除草剂 2,4–D,2,4,5–T 等。这些有机物在土壤中难以分解,残留时间较长,均会对土壤造成污染。工业生产过程中排出的废气、废水、废渣包含许多有机物,容易进入土壤并长期积累而成为有机污染物。生活污水中的洗涤剂、塑料、油脂等,也会成为土壤中的有机污染物。

(2)重金属类

造成土壤污染的重金属有汞、镉、铅、铜、锰、锌、镍、砷等,这些物质在土壤中不易被微生物分解,长期积累后很难彻底消除。污染来源主要是灌溉含有重金属的污水,含有重金属的粉尘降落到土壤中,施用含有重金属工业废渣的肥料和施用含有重金属的农药制剂。

(3)放射性物质

污染土壤的放射性物质主要是核工业排出的液体、气体中的废弃物,这些物质通过自然降落、雨水冲刷与废弃物堆积而污染土壤等。

（4）化学肥料

生产上大量使用氮、磷、钾化学肥料会造成土壤中氮、磷、钾积累过盛，导致土壤污染，特别是大量施用铵态氮肥，铵离子能够置换出土壤胶体上的钙离子，造成土壤颗粒分散，从而破坏土壤团粒结构。硫酸铵、氯化铵等生理酸性肥料使用过多还会导致土壤微生物区系改变，促使土壤中病原菌数量增多。同时，磷肥也是土壤有害重金属的一个重要污染源，磷肥中含铬量较高，过磷酸钙含有大量镉、砷、铅，磷矿石还有放射性污染物质，如铀、镭等。过量使用钾肥会使土壤板结，并降低土壤 pH 值，从而影响植物生长。氯化钾中氯离子对果实的产量和品质均有不良影响。

（5）致病微生物

人畜粪便、生活污水及医院垃圾中含有大量病原微生物，当人体接触被其污染的土壤后，会感染各种细菌和病毒；食用被污染土壤所生产的果品，会威胁人体的健康。通常，土壤被污染的地区环境质量不好，生产过程不能满足要求。因此，广安青花椒种植地的选择应仔细，选择后应对环境质量进行检测，种植地的土壤、空气环境质量及田间灌溉用水质量必须符合对应的国家标准。

100. 生产广安青花椒可使用的农家肥料有哪些？

广安青花椒生产过程中使用的农家肥料，可按农业行业标准《绿色食品肥料使用准则》（NY/T 394–2021）中规定执行。规定中的农家肥料包括堆肥、沤肥、厩肥、沼气肥、绿肥、作物秸秆肥、泥肥、饼肥等。

（1）堆肥

以多种秸秆、落叶、杂草等为主要原料，并以人畜粪便和适量泥土混合堆制，经过好气性微生物分解发酵而成。

（2）沤肥

所用物料与堆肥基本相同，只是在水淹条件下经过微生物嫌气发酵而成。

（3）厩肥

以马、牛、羊、猪等家畜和鸡、鸭、鹅等家禽粪便为主，加上粉碎的秸秆和泥土等混合堆积，经微生物分解发酵而成。

（4）沼气肥

有机物料在沼气池密闭环境下，经过微生物嫌气发酵和微生物分解，制取沼气后的副产品。主要由沼气水肥和沼气渣肥组成。

（5）绿肥

以新鲜植物体就地翻压或异地翻压，或经过堆沤而成的肥料。椒园主要以豆科植物为多。

（6）作物秸秆肥

以麦秸、稻草、玉米秸、油菜秸等直接或经过粉碎后，在田间自然沤烂后的肥料。

（7）泥肥

以未经污染的河泥、塘泥、沟泥、港泥、湖泥等经过微生物嫌气分解而成的肥料。

（8）饼肥

由油料作物的籽实榨油后剩下的残渣制成的肥料，如菜籽饼、豆饼、花生饼、芝麻饼、蓖麻饼等，可直接施入，也可经过发酵后施入。

101. 生产广安花椒可使用哪些商品肥料?

商品肥料指按国家法规规定,受国家肥料部门管理,以商品形式出售的肥料。广安青花椒生产过程中使用的商品肥料可按农业行业标准《绿色食品肥料使用准则》(NY/T 394–2021)中规定执行。规定中的商品肥料包括商品有机肥、腐殖酸类肥、微生物肥、有机复合肥、无机(矿质)肥、叶面肥等。

(1)商品有机肥

以大量动植物残体、畜禽排泄物及其他生物废物为原料加工制成的商品肥料。

(2)腐殖酸类肥

以含有腐殖酸类物质的草炭、褐煤和风化煤等,经过加工制成含有植物营养成分的肥料。

(3)微生物肥

以特定微生物菌种培养生产的含活性的微生物制剂,包括根瘤菌肥料、固氮菌肥料、磷细菌肥料、硅酸盐细菌肥料和复合微生物肥料等。

(4)有机复合肥

经无害化处理后的畜禽粪便及其他生物废物,加入适量的微量营养元素制成的肥料。

(5)无机(矿质)肥

矿物经物理或化学工业方式制成,养分呈无机盐形态的肥料,包括钾肥、硫酸钾、磷肥(磷矿粉)、煅烧磷酸盐(钙镁磷肥、脱氟磷肥)、石灰、石膏、硫黄等。

（6）叶面肥

喷施于植物叶片并能被其吸收利用的肥料，不得含有化学合成的生长调节剂。包括含微量元素或含植物生长辅助物质的叶面肥料等。

（7）有机无机肥（半有机肥）

有机肥料与无机肥料通过机械混合或化学反应而合成的肥料。

（8）掺合肥

把有机肥、微生物肥、无机（矿质）肥、腐殖酸肥按一定比例掺入化肥（硝态氮肥除外），并经过机械混合而成的肥料。

102. 生产广安青花椒使用肥料有哪些原则？

①生产广安青花椒使用的肥料必须满足广安青花椒对营养元素的需要，并且使足够数量的有机物质返回土壤，以保持或增加土壤肥力和土壤生物活性。

②使用的所有有机或无机（矿质）肥料，尤其是富含氮的肥料，都应对环境和广安青花椒的生长及品质无不良影响。

③广安青花椒的生产可以适量地使用化肥，不可大量施用化肥，禁止使用硝态氮肥。

④使用化肥时须与有机肥配合施用，有机氮与无机氮之比以1∶1为宜。

⑤化肥也可以与复合肥、微生物肥配合施用。

⑥对广安青花椒种植地的土壤进行测土配方，根据施肥原则，合理确定施肥总量，选择适宜的氮、磷、钾及微量元素肥料施用比例。

⑦腐熟的沼气液、残渣、人畜粪尿可用作追肥，严禁施用未

腐熟的人畜粪尿。

⑧有机肥料原则上就地生产、就地使用，外来有机肥应在确认符合生产要求后才能使用。

⑨喷洒叶面肥料要严格按照操作要求进行。

⑩微生物肥可用作基肥和追肥。

103. 广安青花椒生产允许使用的农药有哪些？

根据《农药合理使用准则》（GB/T 8321.1），可使用以下农药。

（1）生物杀虫杀菌剂

苏云金杆菌、青虫菌、绿僵菌、白僵菌、浏阳霉素、多抗霉素、井冈霉素、阿维霉素和农抗120等。

（2）植物性杀虫杀菌剂

除虫菊素、烟碱、苦楝素、大蒜素和芝麻素等。

（3）无机农药、石硫合剂及其硫制剂

硫胶悬剂、硫悬浮剂、硫水分散粒剂、波尔多液及其铜制剂，如科博、氢氧化铜、松脂酸铜等。

（4）昆虫生长调节剂

灭幼脲、卡死克、扑虱灵、性引诱剂和性干扰素等。

（5）选择性杀螨剂

抗蚜威、吡虫啉、螨死净、尼索朗和三唑锡等。

（6）选择性杀菌剂

多菌灵、甲基托布津、代森锰锌、扑海因、粉锈宁、福星及百菌清等。

104. 广安青花椒生产限制使用的农药有哪些?

广安青花椒生产限制使用的农药及用量如表 4 所示。

表 4　广安青花椒生产限制使用的农药及用量

农药名称	类别	最后一次用药距采收的时间	常用药量	一年最多喷药次数
歼灭	杀虫剂	21 天	10% 乳油 3 000 ~ 4 000 倍液	2
杀螟硫磷	杀虫剂	30 天	50% 乳油 1 000 ~ 1 500 倍液	1
四螨嗪	杀螨剂	30 天	20% 悬浮剂 1 600 ~ 2 000 倍液	1
三唑锡	杀螨剂	30 天	25% 可湿性粉剂 1 000 ~ 1 500 倍液	2
辛硫磷	杀虫剂	不少于 10 天	50% 乳油 500 ~ 2 000 倍液	1
抗蚜威	杀虫剂	10 天	50% 可湿性粉剂 1 500 倍液	1
氯氢菊酯	杀虫剂	5 ~ 7 天	10% 乳油 2 000 ~ 3 000 倍液	1
溴氢菊酯	杀虫剂	7 天	2.5% 乳油 800 ~ 1 500 倍液	1
氰戊菊酯	杀虫剂	10 天	20% 乳油 800 ~ 1 200 倍液	1
甲霜灵（瑞毒霉）	杀菌剂	5 天	50% 可湿性粉剂 800 倍液	1
多菌灵	杀菌剂	7 ~ 10 天	25% 可湿性粉剂 500 ~ 1 000 倍液	1
腐霉利（二甲菌核利）	杀菌剂	5 天	50% 可湿性粉剂 1 000 ~ 1 200 倍液	1
扑海因（异菌脲）	杀菌剂	10 天	50% 可湿性粉剂 1 000 ~ 1 500 倍液	1
粉锈宁	杀菌剂	7 ~ 10 天	20% 可湿性粉剂 500 ~ 1 000 倍液	1

续表

农药名称	类别	最后一次用药距采收的时间	常用药量	一年最多喷药次数
科博	杀菌剂	10 天	78% 可湿性粉剂 800 ~ 600 倍液	3
代森锰锌	杀菌剂	10 天	80% 可湿性粉剂 600 ~ 800 倍液	3
福美双	杀菌剂	30 天	50% 可湿性粉剂 500 ~ 1 000 倍液	2
退菌特	杀菌剂	30 天	50% 可湿性粉剂 500 ~ 1 000 倍液	1
甲基硫菌灵	杀菌剂	30 天	70% 可湿性粉剂 1 000 倍液	2
烯唑醇	杀菌剂	21 天	12.5% 可湿性粉剂 4 000 倍液	1
疫霜灵	杀菌剂	15 天	80% 可湿性粉剂 100 克、1 000 倍液	2
粉锈宁	杀菌剂	20 天	25% 可湿性粉剂 1 500 ~ 2 000 倍液	1
农利灵	杀菌剂	7 天	50% 可湿性粉剂 600 ~ 800 倍液	2
嘧霉胺	杀菌剂	21 天	40% 胶悬剂 800 ~ 1 000 倍液	2

105. 广安青花椒绿色标准生产有哪些要求？

绿色标准是农产品标准化生产的重要标准，在生产过程中不使用化学合成的农药、肥料、食品添加剂、饲料添加剂、兽药及有害于环境和人体健康的生产资料，而是通过使用有机肥、种植绿肥、作物轮作、生物或物理方法等，培肥土壤、控制病虫草害，保护或提高产品品质，从而保证产品质量符合绿色产品标准要求。

绿色广安青花椒是指遵循可持续发展原则，按照特定生产方式生产，经专门机构认定、许可使用绿色食品标志的无污染的广安青花椒及其加工产品。

可持续发展原则的要求是，生产的投入量和产出量保持平衡，既要满足当代人的需要，又要满足后代人同等发展的需要。

绿色农产品在生产方式上对农业以外的能源应采取适当的限制，以更多地发挥生态功能的作用。

我国的绿色食品分为 A 级和 AA 级两种：AA 级绿色食品系指生产地的环境质量符合国家绿色食品产地环境质量标准的要求，生产过程中不使用化学合成的肥料、农药、兽药、饲料添加剂、食品添加剂和其他有害于环境和身体健康的物质，按有机生产方式生产，产品质量符合绿色食品产品标准，经专门机构认定，许可使用 AA 级绿色食品标志的产品。A 级绿色食品系指生产地的环境质量符合国家绿色食品产地环境质量标准的要求，生产过程中严格按照绿色食品生产资料使用准则和生产操作规程要求，限量使用限定的化学合成生产资料，产品质量符合绿色食品产品标准，经专门机构认定，许可使用 A 级绿色食品标志的产品。

其中 A 级绿色食品生产中允许限量使用化学合成生产资料，AA 级绿色食品则较为严格地要求在生产过程中不使用化学合成的肥料、农药、兽药、饲料添加剂、食品添加剂和其他有害于环境和健康的物质。按照原农业部发布的行业标准，AA 级绿色食品等同于有机食品。

绿色广安青花椒产品与一般产品相比具有以下显著特点：①利用生态学的原理，强调产品出自良好的生态环境；②对产品实行"从土地到餐桌"的全程质量控制。

与绿色广安青花椒生产有关的主要农业行业标准有：NY/T 391-2021《绿色食品产地环境质量》、NY/T 393-2020《绿色食品农药使用准则》、NY/T 394-2021《绿色食品肥料使用准则》、NY/T 658-2015《绿色食品包装通用准则》等。

106. 广安青花椒有机标准生产有哪些要求？

有机标准生产是一种完全不用或基本不用人工合成的化肥、农药、生长调节剂和牲畜饲料添加剂的生产体系。有机农业在可行范围内应尽量依靠作物轮作、秸秆、牲畜粪肥、豆科作物、绿肥、场外有机废料、含有矿物养分的矿石补充养分，利用生物和人工技术防治病虫草害。

有机广安青花椒是指根据有机农业原则和有机农产品生产方式及标准生产、加工出来的，并通过有机食品认证机构认证的广安青花椒及加工产品。其生产目标是通过采用天然材料和与环境友好的农作方式，恢复生产系统物质能量的自然循环与平衡，并通过品种的选择、轮作混作和间作的配合、水资源管理与栽培方式的应用，保护土壤资源，创造可持续发展的生产能力，创造人类与万物共享的生态环境。

有机农业的原则是，在农业能量的封闭循环状态下生产，全部过程都利用农业资源，而不是利用农业以外的能源（化肥、农药、生长调节剂和添加剂以及通过基因工程获得的生物及其产物等）影响和改变农业的能量循环。

有机农业的生产方式是利用动物、植物、微生物和土壤4种生产因素的有效循环，不打破生物循环链。

有机农产品是指纯天然、无污染、安全营养的食品，也可称为"生态食品"。

有机广安青花椒生产主要有以下3个特点。

①在生产加工过程中禁止使用农药、化肥、激素等人工合成物质，并且不允许使用基因工程技术。

②在土地生产转型方面有严格规定。考虑到某些物质在环境中会残留相当一段时间，土地从生产其他农产品到生产有机农产品需要2～3年的转换期，而生产绿色农产品则没有土地转换期的要求。

③在数量上须进行严格控制，要求定地块、定产量，其他农产品没有如此严格的要求。

国家环境保护总局于2001年12月25日发布了《有机食品技术规范》，2005年1月19日，国家质量监督检验检疫总局和国家标准化管理委员会联合发布了国家标准GB/T 19630.1～19630.4–2005《有机产品》，2005年4月1日正式实施。目前执行的标准是由国家质量监督检验检疫总局、国家标准化管理委员会发布的《有机产品》（GB/T 19630.1～19630.4–2011）。到目前为止，还没有专门针对有机广安青花椒生产的强制性国家标准或行业标准出台，因此有机广安青花椒的生产参照以上的有机产品标准执行。

107. 如何申请绿色、有机广安青花椒的认证？

（1）绿色食品认证程序

①申请单位向省级绿色食品发展中心提出书面申请。

②省级绿色食品发展中心收到申请报告后，组织专人到实地进行考察，调查核实申请单位的原料基地的环境状况、产品生产过程中的质量控制情况，并写出考察报告。

③省级绿色食品发展中心委托省级以上计量认证的环境监测机构对申请产品的原料基地进行环境质量实地监测，并写出评价报告。

④监测合格的单位按要求认真填写中国绿色食品发展中心的《绿色食品标志使用申请书》和《企业及生产情况调查表》，连同产品注册商标文本复印件共一式二份，一并报送省级绿色食品发展中心。

⑤省级绿色食品发展中心对以上材料进行初审，然后将初审合格的材料上报中国绿色食品发展中心审核。

⑥中国绿色食品发展中心会同权威的环保机构，对申报材料进行审核。合格者由中心指定的食品监测机构对其申报产品进行抽样，并依据绿色食品质量和卫生标准进行检测；不合格者当年不再受理其申请。

⑦中国绿色食品发展中心对质量和卫生检测合格的产品进行综合审查（含实地核查），并与符合条件的申请人签订《绿色食品标志使用协议书》；同时，企业须按《绿色食品标志设计标准手册》要求，将带有绿色食品标准的包装方案报中国绿色食品发展中心审核，最后由农业农村部颁发绿色食品标志使用证书及编

号，报国家工商行政管理总局备案同时公告于众。

⑧绿色食品使用证书有效期为 3 年。在此期间，绿色食品生产企业须接受中国绿色食品发展中心委托的监测机构对其产品进行抽检，并限行《绿色食品标志使用协议书》。期满后若欲继续使用绿色食品标志，须于期满前半年重新办理申请手续。

（2）有机食品认证程序

①申请者向国家环境保护局有机食品发展中心（OFDC，以下简称中心）索取申请表。

②申请人将填好的申请表传回中心，中心根据申请表所反映的情况决定是否受理，若同意受理，则书面通知申请人。申请人向中心交纳申请费后，中心将全套调查表及有关资料寄给申请人。

③申请人将填好的调查表寄回中心，中心将对调查表进行审查，若未发现有明显违反有机食品颁证标准的行为，将与申请人签订审查协议。一旦协议生效，中心将派出检查员，对申请人的生产基地、加工厂及贸易情况等进行现场审查（包括采集样品等）。

④检查员将现场检查情况写成正式报告送中心颁证委员会。

⑤颁证委员会定期召开会议，对检查员提交的检查报告及相关材料依照相关程序和规范进行评审，并写出评审意见。通常有以下几种不同的颁证结果：a. 同意颁证。发给"OFDC 有机农场证书"或"OFDC 有机加工证书"以及"OFDC 有机贸易证书"。b. 条件颁证。申请者的某些生产条件或管理措施需要改进，只有在申请者的这些生产条件或管理措施满足认证要求并经中心确认后，才能获得颁证。c. 不能获得颁证。生产者某些生产环节、管

理措施不符合有机食品生产标准，不能通过中心认证。在此情况下，颁证委员会将书面通知申请人不能颁证的原因。d. 有机农场转换证书。如果申请人的生产基地是因为在一年前使用了禁用物质或生产管理措施尚未完全建立等原因而不能获得颁证，其他方面基本符合要求，并且打算以后完全按照有机农业方式进行生产和管理，则可颁发"有机农场转换证书"。

⑥给通过认证的有机生产、加工和贸易者颁发销售证书，并签订 OFDC 标志使用协议。

十一、极端天气下的应急处理技术

108. 如何预防或减轻高温伤害?

气象学上将 35℃以上气温称为高温,如果连续几天最高气温都超过 35℃,即称作高温热浪天气。7 月和 8 月最易发生。研究发现,广安青花椒的最适生长温度为 25 ~ 30℃,超过 30℃,光合作用下降,35 ~ 40℃的高温往往导致植株水分生理异常,叶片或树皮发生不同程度的日灼,严重影响生长发育。可采用以下措施预防或减轻高温伤害:

①合理修剪。停止枝条修剪,适度多留一些枝叶,透光为宜,为广安青花椒树干遮阴。

②及时灌水,叶面喷水。地面开沟或挖穴,实施渗灌,傍晚或清晨对树冠进行喷水,补充园地水分,改善园内小气候,确保广安青花椒正常生长发育。当日最高气温达 30℃时,每天午间喷水 2 次;日最高气温达 35℃时,每天喷水 3 ~ 4 次,可改善椒园小气候,缓解高温和太阳直射对树体的伤害。

③及时喷药。树冠喷 2% 石灰乳液,或在喷波尔多液时增大石灰量。树干涂白,反光降温,预防日烧,喷药时最好避开高温时段。

④椒园覆盖，降低温度。为减少土壤水分蒸发，利用杂草、稻草、秸秆覆盖椒园，可起到蓄水、保墒、保湿的效果，减少土壤水分的流失，但要注意防火。

⑤遮阳防晒。为了解决高温直晒问题，可以采用既能防水，又能减少太阳直射的防晒布，这种防晒布既可以疏水，防止暴雨后积水坏根，又可以遮阳透气，使棚内干爽舒适，温度适宜。

⑥加强培肥管理。合理施肥可以促进根系吸收养分，活化土壤，扩大根系营养范围，提高土壤环境，使树势健康，椒树营养吸收好，进而增强树势，提高树体的抗逆性。

⑦预防病虫害。高温天气容易引发各种病虫害和生理性病害，在加强树势的同时及时喷多菌灵、硫酸链霉素等进行预防。

109. 如何预防或减轻冰雹危害？

冰雹是强对流天气过程产生的结果。春夏之交，气温逐渐升高，大气低层受热增温，当有较强的冷空气侵入时容易形成强烈的对流，发展形成积雨云，积雨云是冰雹天气的主要云系。冰雹发生有很强的局域性，雹区呈带状，出现范围较小，时间短促。一天之中雹灾多出现于午后和傍晚。冰雹来势猛、强度大，常伴随狂风、强降水等阵发性灾害性天气。冰雹会对广安青花椒枝叶和果实产生机械损伤，造成减产或绝收。

预防措施有：

①避免在容易发生冰雹灾害的地区建园。根据冰雹多在同一地区连续发生的特点，新建椒园要避开这一区域，以避免和减少冰雹带来的伤害。

②密切关注天气预报。随着科学技术的飞速发展，对强对流

天气的跟踪监测能力也大幅度提高，预测预报愈加精准。各级政府及相关部门都会通过网络、媒体及电视台等第一时间发布预警信息并提出应急预案，广大种植者要密切关注当地天气预报，注意天气变化，及时掌握了解有关信息，并迅速做好应对的准备工作，以减少损失。

冰雹灾后处理措施有：

①及时喷药，促进伤口愈合。杀灭病菌，保护伤口是促进枝条愈合的重要方法。冰雹造成的伤口多、密度大、愈合慢、死枝多，因此，雹灾后应扶正倾斜或歪倒的椒树，对损伤的枝叶进行修剪，并喷施保护性杀菌剂如波尔多液和代森锰锌等。

②清理椒园，排除积水。雹灾发生后，应及时将落叶、伤果、断枝清理出园或深埋地下，以减少病源。及时排出伴雹而来的过多降水，为根系生长创造一个适宜的环境，以免因涝烂根死树。

③及时追肥。雹灾过后，应及时补充速效肥料，可进行叶面喷施磷酸二氢钾或其他叶面肥，提高叶片光合效能，促进树势恢复，挽回经济损失。

110. 严寒冻害发生后的补救措施?

严寒冻害是指深冬温度低于广安青花椒树所能耐受的极限温度且持续较长时间对其枝干所造成的冻害。这种冻害较轻时，花芽和叶芽受冻，鳞片开裂、芽体干枯。较重时，主干或骨干枝冻裂，根颈以上韧皮部、形成层、木质部乃至髓心变褐，或者形成局部冻斑，再严重的会导致根茎及树干韧皮部、形成层、木质部、髓心全部变褐坏死。

广安青花椒树发生冻害的主要原因是气候，但其本身贮存的营养和枝条的充实程度也是影响冻害程度的重要因素。采取适当的补救措施，可以在一定程度上减轻椒树冻害的发生程度。

（1）充分利用好剩余的花，注意追肥，提高产量

广安青花椒冻害发生后，应抓紧追施速效氮肥，加强树体营养，同时注意喷施磷酸二氢钾等叶面肥，以增强叶片光合效能，保证树体健康生长。冻害发生后，树体上剩余的花显得弥足珍贵，由于花芽所处的位置不同，花芽质量也有差异。在冻害发生后，会有部分开放时间晚、质量好的花避过冻害保存下来，由于开放较迟，通常情况下受冻较轻，对这部分花芽要充分利用，可通过喷施 0.3% 硼砂 +1% 蔗糖液、芸苔素 481 或天达 2116，确保其有效发育、正常结果，提高坐果率。同时土壤及时施用复合肥、硅钙镁钾肥、腐殖酸肥等，养根壮树，促进根系和果实生长发育，挽回产量，以减少灾害损失。

（2）适当修剪，喷水

对已经受冻严重和被风刮坏的广安青花椒树枝，要适当修剪，以减少蒸发，促发新枝，增强树势。如果剪口较大时，还要涂抹保护剂。霜冻发生后及时对树冠喷水，可在一定程度上缓解冻害。

（3）喷生长调节剂

花期受冻后，在花托未受害的情况下，喷天达 2116 或芸苔素 481 等，可以提高坐果率，弥补一定的产量损失。

（4）喷激素

冻害发生后，及时喷 20 毫克 / 千克的赤霉素、600 倍 0.1% 噻苯隆可溶液剂（益果灵）或 3.6% 苄氨·赤霉酸乳油（宝丰

灵）、0.2% 的硼砂、250 倍 PBO 等，可显著提高坐果率。

（5）加强病虫害综合防控

蚜虫、锈病等病虫害，对广安青花椒危害严重。椒树遭受冻害后，树体衰弱，抵抗力差，容易发生病虫害。对已受冻的椒树，裂皮和伤口处涂抹 1∶1∶100 波尔多液，防止杂菌侵染；对受冻干枯的枝梢，应于萌芽前后剪去枯死部分，剪口要平，剪后伤口涂抹 90% 机油乳剂 50 倍液，抑制水分蒸发。冬季清理园内枯枝落叶，集中烧毁或深埋，降低锈病等病原菌的越冬基数。

111. 如何预防或减轻晚霜（倒春寒）危害?

晚霜危害是造成广安青花椒减产或绝收的重要因素。在早春，正值冷暖过渡季节，经常受到冷空气的侵袭，气温突降，使花芽正在萌发和生长时期的椒树遭受低温伤害，花芽和嫩梢受冻后软塌枯死，随后变黑干枯。为了预防和减轻晚霜（倒春寒）危害，应积极采取科学的防护方法，晚霜过后采取积极的补救措施，减少经济损失。

（1）晚霜发生前的预防措施

①树干包扎。入冬前用稻草或作物秸秆对广安青花椒幼树进行包扎保暖防寒。

②加强树体管理。加强椒园管理，增强树势，提高抗霜冻能力。增施有机肥，增加细胞质浓度，提高耐寒性。

③喷水、喷肥和灌水防晚霜。霜冻来临前，及时灌水，提高椒园温度，减轻霜冻；有微喷装置的椒园，可利用微喷设备在树体上喷水，水遇冷凝结时可以放出潜热，增加温度，减轻冻害；根外追肥喷施磷酸二氢钾或芸苔素 481，可壮树防病，提高细胞

液浓度，增强抗冻性，提高坐果率。

④树干涂白。进入冬季可用生石灰 5 份、石硫合剂 0.5 份、水 40 份、食盐 0.25 份（也可不加）配成涂白剂用于椒树涂白，可以有效防冻，防日灼。

（2）霜冻灾害发生后的补救措施

①广安青花椒叶面喷施 0.3% 硼砂、0.3% 磷酸二氢钾或 0.5% 尿素，便于快速恢复树势。

②霜冻过后剪掉冻黑的枯枝，有利于新芽萌发。

③树体喷洒 0.3 波美度石硫合剂，或 40% 代森锰锌 800 倍液，防止病害发生。

④精心管理恢复树势。加强病虫害防治，保护好叶片，搞好前促后控的肥水管理及各项配套措施，以充分提高树体营养贮存水平，为优质生产奠定基础。

112. 如何预防或减轻涝害?

（1）涝渍危害

涝渍是一种非生物胁迫因子，会引起广安青花椒一系列的伤害甚至死亡，严重限制了其发育进程和产量。椒园水分过多时，会导致土壤供氧不足，使椒树根系处于严重缺氧的状态，有氧呼吸减弱、无氧呼吸增强，产生和积累乙醇，导致广安青花椒根系中毒受到损害，影响无机养分的吸收运输，进而使广安青花椒生长受阻，产量与品质降低。此外，土壤厌氧细菌活跃性增加，使树体必需的锰、锌、铁等元素易被还原流失，造成树体各种营养缺乏；还会导致广安青花椒叶片相对含水量不断减少，叶片气孔受阻，叶绿素合成能力下降、含量减少，直至植物死亡；光合速率迅速下降、光合产物的运输减慢、根系严重缺氧、叶片气孔关闭，继而影响光呼吸相关酶活性，叶片早衰和脱落。轻度涝渍造成广安青花椒叶片生理性缺水萎蔫、卷曲；中等涝渍造成植株下部叶片脱落；重度涝渍则造成根系窒息，全株死亡。

（2）涝害的预防

建好排水设施。建园时不但要选择不易积涝的地形，也要配套完善排水设施和网络；不仅要注意椒园的排水系统，也要考虑大环境的洪水出路。

（3）涝后管理

①及时排水。涝害发生后，应及时排除积水，积水排出之后，还要及时清理地表留下的淤泥，如果清除不及时导致其风干变硬，会严重影响土壤的透气性，不利于广安青花椒的生长与恢复。

②扶树清淤。在积水排除后，应及时扶正因水涝歪倒的椒树，必要时设立支柱支撑；并清理根际所黏附的淤泥淤沙，清洗枝叶表面污物，对裸露根系及时培土。

③松土散墒，及时追肥。全园松土散墒，及时进行树盘或全园耕翻，加速水分散发，必要时可在椒园内打孔处理，增加土壤内氧气含量，恢复根系正常发育。翻耕时可进行叶面喷肥及土壤追肥，结合耕翻土壤施氮、磷、钾肥，同时叶面喷洒 0.3% 尿素 +0.3% 磷酸二氢钾，加快树势恢复。

④适度修剪。水灾发生后，剪去枯枝、病虫枝、密生枝，改善树体通风透光条件，提高叶片光合效能，增加养分积累。对裸露的枝干用石灰水刷白，以免太阳暴晒造成树皮开裂。

⑤病害防治。在每次降雨之后及时使用多菌灵、福美双、甲基托布津等预防性杀菌剂对广安青花椒的枝干及叶片进行一次全

面的喷施，从而预防病害。如果叶片上已经发生病害，可以使用苯醚甲环唑、戊唑醇、吡唑醚菌酯等结合叶面肥磷酸二氢钾进行喷施，不仅可以缓解病害的蔓延，同时还可以提高苗木的恢复速度。严重积水的椒树，一定要及时查看根系是否发生腐烂，如果根系发生了腐烂，需要及时将根系挖出，切除腐烂的根系，然后使用生根剂和恶霉灵进行处理，重新回填土壤栽植。喷施时药物一定要喷匀、喷透。

附　录

附录1　化学农药安全使用要求

农药是有毒的，对人体是有害的，在使用和贮藏的过程中，务必要注意安全，防止中毒。

1. 孕妇、哺乳期妇女及体弱有病者不宜施药。

2. 施药者应穿长衣裤，戴好口罩及手套，尽量避免皮肤及口鼻与农药接触。

3. 施药时不能吸烟、喝水和吃食物。

4. 一次施药时间不宜过长，最好在4小时内。

5. 接触农药后要用肥皂清洗，包括衣物。

6. 药具用后清洗要避开人畜饮用水源。

7. 农药包装废弃物要妥善收集处理，不能随便乱扔。

8. 农药应封闭贮藏于背光、阴凉、干燥处。

9. 农药存放应远离食品、饮料、饲料及日用品。

10. 农药应存放在儿童和牲畜接触不到的地方。

11. 农药不能与碱性物质混放。

12. 一旦发生农药中毒，应立即送医院抢救治疗。

13. 施药人员如有头痛、头昏、恶心、呕吐等中毒症状时，应立即离开现场。

14. 不要使用滴漏的器械，喷头堵塞时，不要用嘴吹。

附录2　广安青花椒周年管理历

1.一月，休眠、萌芽前期

开展冬季清园，减少越冬病虫基数，树干刷白，预防和减轻下年的病虫危害，清除椒园杂草、枝叶，可喷施24%螨危或石硫合剂；摘心疏枝修剪。

2.二月，花芽形态期

做好肥料准备，及时追施促芽肥，以有机肥＋高氮的复合肥为主，勤施薄施；经常检查椒园，刮除树干粗翘皮，涂抹防护油膏，预防病害漫延；重视花前用药，新栽大苗。

3.三月，萌芽展叶开花期

注意保花保果的农药准备工作，在三月下旬可喷施一次保花保果药液，如硼肥；疏除新梢，保证广安青花椒果实的生长；月底注意防治食心虫，观察蚜虫、红蜘蛛的发生动态。

4.四月，开花期、果实速生期

追施壮果肥，最好选用低氮高钾的复合肥＋有机肥进行追施；在杂草幼苗期适时除草；注意防治红蜘蛛、附线螨、食心虫、蚜虫、锈病等病虫害；后期可采用根外追肥等措施，补充养分；疏除新梢，保证果实的生长。

5.五月，生理落果、采收前期

重施氮、磷、钾含量均衡的复合肥(采前肥)，注意防治红蜘蛛、附线螨、蚜虫和锈病；及时防除杂草；搞好采收前修剪，疏除生长新梢；结合灌水，可根外追肥。5月底可开始采收。

6.六月，采收期

搞好椒园开沟排水，开始采收保鲜花椒，采用重度或重轻度回缩修剪。

7. 七月，采收后期

选择晴天及时采收广安青花椒并制干椒；修剪采用重度的回缩修剪方式，修剪后喷施一次药液，注意搞好树干病虫害的防治。

8. 八月，结果枝组生长旺期

继续搞好采收后的田间管理，包括对锈病、螨类等病虫害的防治以及补施追肥（有机肥＋广安青花椒专用肥）。选留好结果枝，及时疏除弱枝。向叶面喷洒 500 ～ 800 倍烯效唑溶液 1 次。

9. 九月，结果枝组生长期

继续搞好上月未完成的疏枝管理工作，保障椒树结果枝的正常生长，注意做好锈病、螨类等病虫害的防治。用烯效唑控梢收老。

10. 十月，结果枝组木质化期

施好基肥；注意防治锈病、螨类、蚜虫等病虫害；用烯效唑控梢促老化，适时压枝，促进枝条成熟。如有缺窝的椒园，要及时补栽椒树，防止杂草的生长。

11. 十一月，生长末期

注意防治锈病、附线螨；完成结果枝的压梢工作，搞好椒园的冬前管理。

12. 十二月，休眠期

开展摘尖（摘心）工作，对所有广安青花椒的结果枝组都要进行摘尖，促进广安青花椒花芽分化；冬季清园，注意防治病虫害。

参考文献

［1］吕玉奎，陈泽雄.荣昌无刺花椒栽培技术 [M].北京：中国农业出版社，2021.

［2］王海波，刘凤之.葡萄速生安全高效生产关键技术 [M].郑州：中原农民出版社，2019.

［3］王景燕，龚伟.青花椒优质高效生产技术 [M].成都：四川科学技术出版社，2021.

［4］张美勇，等.薄壳早实核桃栽培技术百问百答（第 2 版）[M].北京：中国农业出版社，2012.

［5］张美勇.核桃高效栽培关键技术 [M].北京：机械工业出版社，2019.

［6］朱德兴，孙庆田，董清华.樱桃栽培技术问答（第 2 版）[M].北京：中国农业大学出版社，2014.